数字孪生永定河流域
关键技术研究与实践

李 巍 薛丽娟 韩朝光◎著

河海大学出版社
HOHAI UNIVERSITY PRESS
·南京·

图书在版编目(CIP)数据

数字孪生永定河流域关键技术研究与实践 / 李巍，薛丽娟，韩朝光著. -- 南京 ：河海大学出版社，2024. 7. -- ISBN 978-7-5630-9239-0

Ⅰ. TV882.8-39

中国国家版本馆 CIP 数据核字第 2024AA1630 号

书　　名　数字孪生永定河流域关键技术研究与实践
书　　号　ISBN 978-7-5630-9239-0
责任编辑　章玉霞
特约校对　姚　婵
装帧设计　徐娟娟
出版发行　河海大学出版社
地　　址　南京市西康路 1 号(邮编:210098)
网　　址　http://www.hhup.com
电　　话　(025)83737852(总编室)　(025)83722833(营销部)
　　　　　　(025)83787107(编辑室)
经　　销　江苏省新华发行集团有限公司
排　　版　南京布克文化发展有限公司
印　　刷　广东虎彩云印刷有限公司
开　　本　700 毫米×1000 毫米　1/16
印　　张　14.25
字　　数　271 千字
版　　次　2024 年 7 月第 1 版
印　　次　2024 年 7 月第 1 次印刷
定　　价　79.00 元

引言

习近平总书记强调，保护江河湖泊，事关人民群众福祉，事关中华民族长远发展。永定河是海河流域的重要水系之一，流域面积约4.70万km^2，是京津冀地区重要的水源涵养区。自20世纪70年代后期以来，永定河流域降水量减少了1/10左右，再加上上游水土保持和逐层筑坝拦截用水，以及沿线经济发展过快各地耗水量猛增等原因，使永定河多处河段断流干涸，并导致流域内地下水水位下降，局部河床沙化，生态系统严重退化等问题。

2014年，党中央国务院作出推动京津冀协同发展的重大战略决策，将永定河综合治理与生态修复工作作为京津冀协同发展在生态领域率先突破的着力点。2015年，中共中央、国务院印发的《京津冀协同发展规划纲要》明确提出，推进永定河、滦河、北运河、大清河、南运河、潮白河六河绿色生态河流廊道治理，实施白洋淀、衡水湖、七里海、南大港、北大港五湖生态保护与修复。六河五湖整体水生态修复与保护对改善京津冀区域水生态环境具有重要作用。

为落实《京津冀协同发展规划纲要》、推进永定河综合治理与生态修复、打造绿色生态河流廊道，2016年，国家发展改革委员会、水利部、国家林草局联合印发了《永定河综合治理与生态修复总体方案》(以下简称《总体方案》)，其中提出，到2020年，初步形成永定河绿色生态河流廊道，到2025年，基本建成永定河绿色生态河流廊道。2022年，印发了《永定河综合治理与生态修复总体方案(2022年修编)》(以下简称《总体方案(修编)》)，《总体方案(编修)》中提出加快建设数字孪生永定河，按照“需求牵引、应用至上、数字赋能、提升能力”的要求，以数字化、网络化、智能化为主线，以数字化场景、智慧化模拟、精准化决策为路径，充分利用云计算、数字孪生等新一代信息技术，整合构建具有“预报、预警、预演、预案”功能的“2+N”业务体系。

江河湖泊保护治理是一个庞大复杂的系统工程，必须坚持数字赋能，依托现代信息技术变革治理理念和治理手段进行建设。党中央、国务院高度重视水利工作并作出了明确部署。国家“十四五”规划纲要明确要求，构建智慧水利体系，以流域为单元提升水情测报和智能调度能力。水利部党组高度重视智慧水利建设，提出智慧水利是新阶段水利高质量发展的最显著标志和六条实施路径之一，要加快构建具有“四预”（预报、预警、预演、预案）功能的智慧水利体系。水利部部长提出建设数字孪生流域，就是要以物理流域为单元、时空数据为底座、数学模型为核心、水利知识为驱动，对物理流域全要素和水利治理管理全过程的数字化映射、智能化模拟，实现与物理流域同步仿真运行、虚实交互、迭代优化。

本书针对新阶段水利高质量发展对永定河流域统一治理管理的要求，在充分利用现有信息化建设成果的基础上，采用物联网、大数据、云计算、人工智能、数字孪生等新一代信息技术，研究建设多源多尺度数据底板、基于多类水循环场景的永定河模型平台、基于大语言模型和知识图谱的永定河知识平台以及基于“四预”功能的永定河智能业务应用体系，进而搭建数字孪生永定河平台，支撑官厅水库上游多水源联合调度与配置，官厅水库下游防洪“四预”调度，以及工程建设与运行管理、河湖管理、节水管理与服务等场景应用。该研究工作对于感知流域水脉搏、预测水规律、模拟水调度具有重要的实践意义，它将全面提升永定河综合管理现代化水平和管控能力，为推动水利事业高质量发展提供有力支撑和强力驱动。

数字孪生在水利领域是一个新的概念，涉及众多新技术、新方法、新理论，本书编者所提出的研究方法如沧海一粟，未来必将有更多更新的成果丰富本领域研究。本书旨在抛砖引玉，为相关技术人员和研究人员提供参考。受编者水平所限，书中难免存在错误纰漏，敬请读者批评指正，同时也对在研究应用过程中给予帮助的专家、学者和同行一并表示感谢。本书第一章、第七章由李巍编写（8.2 万字），第五章由薛丽娟编写（11.9 万字），第二章、第三章、第四章、第六章由韩朝光编写（5.7 万字）。

目录

1　绪论 ………………………………………………………… 001

1.1　流域概况　/002

1.2　研究背景　/009

1.3　研究现状　/011

1.4　研究目的和意义　/022

1.5　主要研究内容　/024

2　关键技术与开发环境 …………………………………………… 027

2.1　技术路线　/028

2.2　关键技术　/028

2.3　创新点　/030

2.4　开发环境　/031

3　数字孪生永定河总体设计 ………………………………………… 035

3.1　设计依据和原则　/036

3.2　设计思路　/039

3.3　系统框架　/039

3.4　系统功能　/041

3.5　开发流程　/042

3.6 系统部署 /044

4 基于多源多尺度数据的永定河数据底板构建 ………………………… 047

4.1 总体结构 /048

4.2 数据资源 /049

4.3 数据模型 /056

4.4 数据引擎 /058

5 基于多类水循环场景的永定河模型平台研究 ………………………… 067

5.1 水利专业模型 /068

5.2 智能识别模型 /144

5.3 可视化模型 /145

5.4 数字模拟仿真引擎 /155

6 基于大语言模型和知识图谱的永定河知识平台研究 ……………… 167

6.1 水利知识 /168

6.2 水利知识引擎 /171

7 基于“四预”功能的永定河智能业务应用体系设计 ………………… 175

7.1 功能概述 /176

7.2 水资源管理与调配 /176

7.3 流域防洪 /191

7.4 屈家店综合调度运行管理 /200

7.5 河湖管理 /210

7.6 节水管理与服务 /214

参考文献 ……………………………………………………………………… 219

1

绪　论

1.1 流域概况

1.1.1 自然地理概况

1.1.1.1 地理位置及地形地貌

永定河是海河流域七大支流之一，为海河流域西北支流，其流域东邻潮白河、北运河河系，西临黄河流域，南为大清河系，北为内陆河，地跨内蒙古、山西、河北、北京、天津等 5 个省(自治区、直辖市)，面积为 4.70 万 km^2，占海河流域总面积的 14.7%。永定河流域跨燕山山脉、内蒙古高原和华北平原，上源为桑干河和洋河，分别发源于晋西北和内蒙古高原南缘，两河于河北省张家口怀来县朱官屯汇合后称永定河，永定河纳妫水河后在河北省怀来县注入官厅水库，至屈家店与北运河汇合，其水经永定新河由北塘入海。永定河流域山西段流域面积 19 400 km^2（桑干河流域 15 464 km^2，洋河流域 2 633 km^2，壶流河流域 1 303 km^2），包含大同、朔州和忻州市辖属的 14 县(市、区)。永定河流域河北段面积为 17 662 km^2，涉及张家口、保定和廊坊市的部分地区。

1.1.1.2 地质条件

总体来说，官厅水库以上为永定河上游，相对高程较大。由官厅水库至三家店为永定河中游，相对高差较小，多为中山丘陵；永定河在其下游进入开阔平原，逐渐成为游荡性悬河，形成面积广阔的冲洪积扇。永定河南段属永定河冲洪积扇中下部区域，地势总体自北向南降低，河道由北向南延伸至大兴辛庄村一带后，向下游转为自 NW 向方向延伸，为典型的平原区河流冲洪积地貌类型，发育宽缓的 U 形河谷，两岸为宽广的一级阶地。自然地面高程一般为 60～20 m，沿永定河流向缓慢降低。现状主河道区域自 20 世纪 80 年代至 21 世纪初近 20 年时间里经历大规模的河道砂石开采，地形地貌较复杂，河床内地形起伏频繁，沙坑、沙丘、裸露土质边坡等分布较为广泛，一般沙坑深 5～8 m，局部区域可达 10～15 m，边坡陡立。其中左、右侧堤顶最大高程约 64 m，最低高程约 27 m，由北向南降低；河道场区现状地面高程最高约 60 m，最低高程约 21 m，总体自北向南降低，但因主河道区域历经挖砂采石和局部整治活动，地形地貌较为复杂。

目前而言，卢沟桥至梁各庄段，河道宽度一般约 1 300～1 900 m，其中左堤堤外一侧约 300～700 m 的范围建设成为开放公园，地势自左堤向河道内略倾

斜，自北向南高程逐渐降低；而右堤堤外的一侧河道外草坪设为高尔夫球场，人工岛、湖相间分布，相对地面高差一般为 3～5 m，局部较大可达 10 m 左右。地铁房山线—黄良铁路段，河道一般宽约 1 000～1 500 m，有近岸绿化带和主河槽区域废弃的沙坑，其中沙坑面积大、分布广、深浅不一，一般深 4～6 m，局部达 12～15 m，边坡的砂土裸露，底部多处分布有建筑垃圾、生活垃圾。黄良铁路—北京大兴航模活动基地，河道宽约 1 000～1 500 m，场区主要有绿化林、高尔夫球场和零星沙坑，沙坑的占地面积相对较小，局部回填物较厚。北京大兴航模活动基地—韩家铺村段，河道总体宽度较小，平均约 500 m，有绿化带和小型废弃沙坑，地形起伏较小，一般高程为 2～3 m。韩家铺村—梁各庄，场区大部分为绿化林地，地势顺河流方向缓慢降低。

1.1.1.3 水文气象

永定河流域属温带大陆性季风气候，为半湿润、半干旱型气候过渡区。春季干旱，多风沙；夏季炎热，多暴雨；秋季凉爽，少降雨；冬季寒冷，较干燥。多年平均气温 6.9℃，最高 39℃，最低 −35℃。盆地区域无霜期 120～170 天，山区 100 天左右，封冻期达 4 个月以上。

永定河流域多年平均降水量为 360～650 mm，不同地区降水量差异颇大，多雨区和少雨区相差将近 1 倍。多雨中心沿军都山、西山分布，多年平均降水量为 650 mm；阳原盆地和大同盆地降水量最少，多年平均降水量仅为 360 mm。官厅以下到三家店之间的多年平均降水量从 400 mm 递增至 650 mm。北京、天津两市及河北省平原区约为 600 mm。降水量年际变化大，少雨年和多雨年相差 2～3 倍，汛期(6—9 月)降水量占全年的 70%～80%。

永定河山区 1956—2010 年多年平均径流量 14.43 亿 m^3，径流年内分布不均，年际间变化大。最大年径流量为 31.4 亿 m^3(1956 年)，最小为 6.72 亿 m^3(2007 年)，最大和最小年径流量比值为 4.67。永定河主要控制站水文特征值见表 1-1。

表 1-1 永定河主要控制站水文特征值表 单位：亿 m^3

控制站	天然径流量				
	多年平均	25%	50%	75%	95%
册田水库	5.23	5.98	4.89	4.09	3.42
石匣里	7.37	8.54	6.93	5.42	4.15
响水堡	4.93	6.09	4.43	3.43	2.00

续表

控制站	天然径流量				
	多年平均	25%	50%	75%	95%
官厅水库	13.57	16.05	12.63	9.53	7.04
三家店	14.43	17.11	13.11	10.00	7.81

1.1.2 水资源状况

1.1.2.1 河流水系

永定河上游有桑干河、洋河两大支流，于河北省张家口怀来县朱官屯汇合后称永定河，在官厅水库纳妫水河，经官厅山峡于三家店进入平原。

1. 桑干河

桑干河是永定河主源，全长 390 km，桑干河的正源是恢河，发源于宁武县管涔山北麓之庙儿沟，与源子河汇流后始称桑干河。干流自南向北，流经忻州、朔州、大同 3 个地市的 7 个县，于阳高县尉家小堡入河北省境，山西境内河长 260.6 km，河道纵坡 3.3‰，山西境内流域面积约为 1.55 万 km^2。主要支流有恢河、源子河、黄水河、浑河、御河等。桑干河上游建有东榆林水库，桑干河中游建有册田水库。

2. 洋河

洋河全长 101 km，上源有东洋河、西洋河、南洋河等主要支流，三条支流于万全、怀安交界处汇合后始称洋河，之后又有洪塘河、清水河、柳川河、龙洋河等河流陆续汇入洋河。洋河向下流经张家口市涿鹿、怀来交界的夹河村时与桑干河汇合进入永定河，随后在下游注入北京的官厅水库。洋河流经河北省张家口市怀安、万全、宣化、下花园、怀来等区县，沿线有清水河、盘肠河、龙洋河等支流汇入。东洋河上建有友谊水库。径流量的年内变化十分明显，呈现出一定的规律：1—2 月河流封冻，径流量较小；进入 3 月，随着河流解冻出现凌汛，径流量有所增加；凌汛过后的 4—5 月径流量出现一定程度的降低；进入 6 月之后，随着汛期的来临，径流量大幅度上升，8 月达到最高；汛期过后，降雨量减少，河道内径流量又逐步降低。

3. 永定河

永定河自河北省张家口怀来县朱官屯至天津市屈家店，长 307 km。永定河自朱官屯下行 17 km 入官厅水库，库区纳妫水河，官厅水库至三家店为山峡段，长 109 km，两岸有清水河、大西沟、湫水河等十几条支流汇入。自三家店进入平

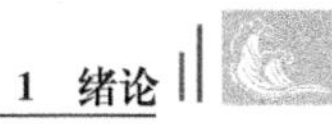

原，以下两岸均靠堤防约束，流经北京市、河北省廊坊市，至天津市屈家店，长146 km，其中梁各庄至屈家店为永定河泛区段，长67 km。泛区段有天堂河、龙河汇入。

1.1.2.2 主要水利工程

永定河流域水资源开发利用程度高。根据《总体方案》的分析结果，永定河山区1956—2010年年均水资源总量26.61亿m³，人均水资源量276 m³，仅为全国的9.8%；流域年平均供水总量20.32亿m³（含官厅水库向北京市供水量），水资源开发利用率高达97%。

由于区域内降水分配极不均匀，洪涝灾害严重，流域内兴建了大量的水库工程和水利枢纽。自20世纪50年代以来，永定河中、上游修建了一系列水利工程，有效地控制了永定河的洪水泛滥，实现了防洪兴利的功效。当前，永定河官厅水库以上流域的河北、山西两省共建蓄水工程245座，总库容达12.55亿m³；引水工程759个，年引水能力9.14亿m³；提水工程597个，年提水能力1.09亿m³；地下水工程22 236眼，设计供水能力11.97亿m³。尽管水利设施的建设在防洪、工农业生产安全、人民生命财产安全等方面发挥了重要作用，但也同时显著改变了径流的时空分布。其中三个大型水库（官厅水库、友谊水库、册田水库）基本情况如下：

1. 官厅水库

官厅水库位于河北省怀来县与北京市延庆区境内，大部分库区在河北省怀来县境内，因大坝修建在官厅镇附近而得名。流域北接蒙古高原，南屏恒山及五台山，坝址以上流域面积43 402 km²，占永定河流域面积的92%，内含内蒙古、山西、河北、北京等省（市、自治区）的27个县（市、区）。官厅水库自建立以来，在防洪、供水、发电和改善首都地区水环境等方面发挥了巨大的作用。官厅水库的长宽比约为10∶1，宽深比为200∶1，水库平均水深一般不超过10 m，基本上是一个狭长的浅水河川型水库。该水库始建于1951年10月，1954年5月建成，工程投资18 829万元，历史上总供水量为406亿m³，集水面积约为4.3万km²，坝顶工程为492 m，总库容为41.6亿m³，死库容为0.26亿m³，兴利库容为2.5亿m³，有3台发电机组，总装机容量为3万千瓦。官厅水库流域由三条支流桑干河、洋河、妫水河组成，各支流的流域面积分别为：桑干河25 840 km²、洋河16 710 km²和妫水河852 km²，它们分别占总面积的60%、38%和2%。

永定河上游地区人口增长和经济快速发展导致该地区对水资源的需求量增加。1999年以来连续多年干旱枯水，官厅水库入库水量均呈大幅度减少趋势，递减幅度约为 1.325 mm/a。在永定河流域天然来水量减少的情况下，入库水量、水库蓄水量锐减(个别年份低于水库死库容)，可供水量大大减少。水库上游大量的农业面源、工业点源污染物任意排放，造成入库水质较差，同时水库水量较少、水体的外界交换性较差，入库污染物难以降解。2005 年以后，官厅水库重新恢复了向农业、生态和工业供水的功能。官厅水库的水质较差，除与水库水量较少、封闭性强、自净能力较差相关外，主要与水库上游控源性较差、入库水体水质总体不达标有关。

2. 友谊水库

友谊水库位于河北省尚义县与内蒙古自治区兴和县交界处，主体工程在尚义县境内，库区在兴和县界内，是永定河支流东洋河上游的主要枢纽工程，1962 年建成，1970 年进行了续建，控制流域面积 2 250 km^2，占东洋河流域面积的 68%，总库容 1.16 亿 m^3，是一座大(1)型水库，死库容 0.062 亿 m^3，兴利库容 0.587 亿 m^3，防洪标准为千年一遇。水库以灌溉为主，兼顾防洪、发电、养鱼综合利用。水库控制流域的 90%是内蒙古兴和盆地，地形平缓、相对高差较小，河道两侧有宽阔的平川地带。上游植被稀少、面蚀严重。

3. 册田水库

册田水库位于桑干河中上游，大同县境内桑干河中上游西册田村附近，距大同市 60 km。控制流域面积为 16 700 km^2(包括上游赵家亩、下米庄、薛家营、东榆林、镇子梁、恒山、十里河 7 座中型水库共 6 618 km^2 流域面积)，占下游北京官厅水库流域面积的 38%，其中石山区 3 815 km^2，土石山区 3 010 km^2，平川区 5 260 km^2，丘陵区 4 615 km^2。始建于 1958 年，1963 年第一期工程完工，坝高 34 m，1970 年第二期工程完工，水库大坝加高至 41.5 m。现水库的总库容为 5.8 亿 m^3，防洪库容 1.63 亿 m^3。建库以来，多年实测平均径流量为 3.35 亿 m^3。册田水库地处官厅水库上游，担负着为官厅水库拦蓄泥沙的重任。从 1960 年开始拦蓄应用至今，共拦蓄泥沙 2.1 亿 m^3，占总库容的 36%，对官厅水库的正常运用和延长官厅水库的使用寿命发挥了积极作用，同时还肩负着防洪安全的艰巨任务，直接关系到首都北京的防洪安全。近年来，随着气温普遍升高，册田水库控制流域蒸发量加大，入库河水流量减少。桑干河支流御河、十里河、口泉河污染严重，导致位于桑干河下游的册田水库水质较差。有关人员通过对册田水库出口断面水质进行综合评价，发现 1998—2002 年水库污染逐年加重，2003 年污染急剧加重，但是近几年有缓和的趋势。

1.1.3 生态环境状况

1.1.3.1 生态环境

永定河流域水污染严重，大部分河段水质长期处于恶化状态。永定河上游流域所经的山西省是我国环境污染最严重的省份之一。《总体方案》中指出桑干河、洋河、永定河（新）河及主要支流现状年水质达到Ⅲ类及以上河长占34%，Ⅳ～Ⅴ类水质河长占16%，劣Ⅴ类水质占40%，全年河干的河段占10%。2014年永定河流域水功能区主要污染物COD、氨氮年均入河量分别超过纳污能力的1.5倍、7.6倍，41个水功能区中只有11个达标，达标率仅26.8%，水环境污染严重。国民经济的增长、城市人口的密集、工农业和城市生活用水的不断增加，不仅给城市供水带来了巨大压力，而且水资源紧缺，又引发了工农业争水的社会矛盾。在工业布局集中和人口居住密集的太原、大同、阳泉、长治等主要城市和工况区，从20世纪70年代末期已经出现了严重缺水和水资源短缺等现象，最终导致永定河上游流域部分河段常年断流现象的发生。

永定河流域水资源超载严重，生态水量难以保障。依据《总体方案》分析，以2014年为现状基准年，永定河山区生态水量处于较为严重的亏缺状态。山区总控制站三家店多年平均缺水1.29亿m^3，缺水率50%；95%来水频率时缺水2.43亿m^3，缺水率93%。上游两大支流桑干河、洋河水生态状况均较差，桑干河生态缺水程度更为严重。由于生态用水难以保障，2005—2014年，永定河主要河段年均干涸121天，年均断流316天。下游平原河道1996年后完全断流，平均干涸长度140 km，局部河段河床沙化，地下水位下降，地面沉降。2000年后入海水量锐减，较多年平均减少了97.5%。目前，流域内河湖、湿地率仅2%，与全国平均水平5.6%相比有较大差距。

综上所述，永定河流域水资源短缺，超载严重，水环境承载能力低、污染严重，水生态功能退化。特别是永定河山区生态水量更是处于较为严重的亏缺状态，严重影响了河流生态功能。

1.1.3.2 水土保持

永定河上游流域处于风沙侵蚀区，风沙侵蚀导致植被破坏，水土流失、土地退化严重。永定河上游属于海河流域水土流失严重区，水土流失的特点以黄土丘陵沟壑区和土石山区的水力侵蚀为主。1983年永定河上游被列为国家八大水土保持重点治理区之一，以小流域为单位，在全面调查规划的基础上，开展了综合治理，主要治理措施为建设梯田、淤地坝、滩地等，种植经济林、牧草等。1993年开始了第二期水土流失治理工程。2004年，我国水利部发布了《关于开展水土保持生态建设示范区建设的通知》，将永定河上游作为第一批水土保持生态建设示范区。同时，实施了“国家水土保持重点建设工程”“国家水土流失重点治理工程”“坡耕地水土流失综合治理工程”等项目，实施退耕还林、还草，建设防护林，坡耕地的治理，陡坡封山育林，提高农业生产条件，该时期一系列的生态建设政策，使该区域生态环境得到了极大的改善。按照京津冀协同发展2016年工作要点的有关部署要求，国家发展改革委会同水利部，国家林业局以及京津冀、山西等省市启动了《总体方案》的编制工作。方案把永定河三家店以上划分为水源涵养区，在永定河上游打造绿色生态河流廊道，是京津冀系统发展在生态领域率先实现突破的着力点，对改善区域生态环境具有重要的引领示范作用。

1.1.3.3 流域治理与水资源保护

历史上，为防治永定河洪水灾害，国家修建了官厅、友谊、册田等水库以及三家店、卢沟桥、屈家店等水利枢纽，整治了永定河泛区、三角淀分洪区，开挖了永定新河。

20世纪60年代以后，由于上游来水减少，永定河下游河段出现不同程度的干涸断流。2001年，为缓解北京水资源短缺，合理配置流域水资源，保障首都供水安全和流域经济社会又好又快发展，国务院批复了《21世纪初期（2001—2005年）首都水资源可持续利用规划》（以下简称《首水规划》），在官厅水库上游实施了农业节水、水土流失治理、点源污染治理、工业节水和城镇污水处理厂建设等重点项目。

2003年起，为缓解北京市用水紧张状况，从永定河流域上游水库向官厅水库调水。2007年，为规范永定河干流用水秩序，国务院批复了《永定河干流水量分配方案》。此后，水利部海河水利委员会（以下简称海委）以此为依据，组织开展永定河水量调度，截至2017年，山西省、河北省向北京市集中输水14次。

通过《首水规划》和《永定河干流水量分配方案》的实施，官厅水库入库水量有所增加，2008年后年均入库水量达1.22亿m^3；官厅水库水质由劣Ⅴ类恢复到Ⅳ类，已恢复成为北京市备用水源地，官厅水库下游三家店断面水质达到Ⅲ类。

然而，永定河流域水资源可利用量和用水需求矛盾依然显著，严重影响了河流生态功能，制约京津冀地区经济社会可持续发展。

1.1.4 社会经济

永定河上游流域包括内蒙古自治区、山西省、河北省、北京市4地。根据海委项目报告统计，2014年永定河上游流域的常住人口共913.9万人，其中城镇人口469.17万人，城镇化率为51.33%，略高于全国平均水平。区域内生产总值3 403.15亿元，人均3.72万元；总耕地面积2146.19万亩①，林果面积为27.22万亩。永定河上游流域的工业产值占流域总的经济产值的38.6%。永定河上游山区矿产资源丰富，种类繁多，采煤工业发展迅速，对该地区的生产总值贡献较大，80年代以后采煤业已成为山西工业中最重要的产业支柱。随着国民经济建设的不断发展，城市人口增加，现代化水平提高，山西对供水的需求量也在不断增长。据统计，山西省城市工业和居民用水由1949年的0.27亿 m^3，增加到1980年的11.37亿 m^3，增长了近45倍。

1.2 研究背景

2014年，习近平总书记提出了“节水优先、空间均衡、系统治理、两手发力”的治水思路，之后对水利工作发表了一系列重要讲话，指导治水工作实现了历史性转变；同时指出“没有信息化就没有现代化”，要全面贯彻网络强国战略，把数字技术广泛应用于政府管理服务，推动政府数字化、智能化运行，为推进国家治理体系和治理能力现代化提供有力支撑，并要提升流域设施数字化、网络化、智能化水平。以习近平同志为核心的党中央高度重视网络安全和信息化，把信息化作为我国抢占新一轮发展制高点、构筑国际竞争新优势的契机，不断推进理论创新和实践创新，提出了一系列新思想、新观点、新论断。

党的二十大报告指出高质量发展是全面建设社会主义现代化国家的首要任务，并对建设网络强国、数字中国，构建现代化基础设施体系，提高防灾减灾救灾和重大突发公共事件处置保障能力等作出重要部署。国家“十四五”规划纲要提出要构建智慧水利体系，以流域为单元提升水情测报和智能调度能力。“十四五”国家信息化规划、国家“十四五”新型基础设施建设规划、“十四五”数字经济发展规划、国家新型城镇化规划（2021—2035）等明确提出智慧水利建设要求。2023年2月，中共中央和国务院联合印发的《数字中国建设整体布局规划》明确提出，构建以数字孪生流域为核心，具有“四预”功能的智慧水利体系。智慧水利建设是国家网信事业的重要组成，国家对信息化发展的一系列工作部署为“十四

① 1亩≈667 m^2。

五”智慧水利建设提供了大好契机，也提出了重要任务，国家网信发展战略方针对智慧水利建设提出了新的更高要求。

水利部党组高度重视智慧水利工作，2021 年 6 月，提出智慧水利建设作为推动新阶段水利高质量发展六条实施路径之一并作为水利高质量发展的显著标志，提出要加快构建具有“四预”（预报、预警、预演、预案）功能的智慧水利体系。2021 年 10 月，水利部印发《关于大力推进智慧水利建设的指导意见》《智慧水利建设顶层设计》《“十四五”智慧水利建设规划》《“十四五”期间推进智慧水利建设实施方案》等系列文件，谋划推进智慧水利建设，将数字孪生流域建设作为构建智慧水利体系的核心和关键，并部署七大江河数字孪生流域建设。《“十四五”期间推进智慧水利建设实施方案》中明确提出数字孪生平台、夯实信息基础设施、提升业务智能水平的数字孪生工程建设任务；2021 年 12 月，水利部部长在推进数字孪生流域建设工作会上强调，要以数字孪生流域建设带动智慧水利建设，通过数字化、网络化、智能化的思维、战略、资源、方法，提升水利决策与管理的科学化、精准化、高效化能力和水平；2022 年 1 月，在全国水利工作会议上强调，加快建设数字孪生流域和数字孪生工程，强化预报、预警、预演、预案功能，全面推进算据、算法、算力建设，对物理流域全要素和水利治理管理全过程进行数字化映射、智能化模拟。

2022 年 1 月，全国水利工作会议将“加快建设数字孪生流域和数字孪生水利工程”作为年度十项重点工作之一。5—6 月，水利部组织完成全国 56 家单位（94 项任务）数字孪生流域（水利工程）建设先行先试实施方案审核，以及七大江河“十四五”数字孪生流域和重点工程数字孪生水利工程“十四五”建设方案审查工作，数字孪生流域（水利工程）建设实施加快推进。在此基础上，水利部组织编制了《“十四五”数字孪生流域建设总体方案》作为“十四五”期间水利部本级开展数字孪生流域建设的重要依据，也是各级水利管理部门开展数字孪生流域建设的重要指导文件。

按照习近平总书记关于网络强国、数字中国建设的重要指示，结合水利部对于智慧水利和数字孪生建设的部署，为提升流域系统治理管理、跨流域区域水事行为开展、工程安全统筹运用的数字化、网络化、智能化水平，实现风险提前发现、预警提前发布、方案提前制定、措施提前实施，赋能水旱灾害防御、水资源集约节约利用、水资源优化配置、大江大河大湖生态保护治理，确保水利决策快速精准安全有效，支撑水安全风险从被动应对向主动防控转变，为全面建设社会主义现代化国家提供有力的水安全保障，有必要开展数字孪生流域建设。

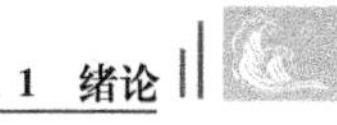

永定河是海河流域的重要水系，是京津冀区域重要的水源涵养区和生态廊道，而该地区也是我国人口最稠密、经济最发达区域之一。为推进永定河生态治理与修复，2016 年 12 月，国家发改委和水利部、国家林业局联合批复了《总体方案》。

《总体方案》对永定河三家店控制站基本生态环境需水量 2.60 亿 m^3 进行配置，提出了生态补水保障方案，“95％来水条件下，永定河三家店控制站缺水 1.75 亿 m^3，通过再生水补水和万家寨引黄北干线补水。其中，再生水补水 0.75 亿 m^3，引黄水补水 1.00 亿 m^3，引黄水同时解决上游桑干河册田水库控制站、石匣里控制站及官厅水库控制站的生态缺水问题。”同时，《总体方案》从水资源节约与生态用水配置、河道综合整治与修复、水源涵养与生态建设、水环境治理与保护、水资源监控体系建设和流域综合管理与协同治理机制等方面，提出了重点治理措施，梳理了重点项目。

2022 年 9 月，国家发展改革委、水利部、国家林草局正式印发《总体方案（修编）》。《总体方案（修编）》中提出加快建设数字孪生永定河，按照“需求牵引、应用至上、数字赋能、提升能力”要求，以数字化、网络化、智能化为主线，以数字化场景、智慧化模拟、精准化决策为路径，充分利用云计算、数字孪生等新一代信息技术，整合构建具有“预报、预警、预演、预案”功能的“2＋N”业务体系。

1.3 研究现状

1.3.1 数字孪生概念及发展历程

1.3.1.1 数字孪生概念

数字孪生是充分利用物理模型、传感器更新、运行历史等数据，集成多学科、多物理量、多尺度、多概率的仿真过程，在虚拟空间中完成映射，从而反映相对应的实体装备的全生命周期过程。数字孪生是一种超越现实的概念，可以被视为一个或多个重要的、彼此依赖的装备系统的数字映射系统。数字孪生是大数据、人工智能、物联网和深度学习等蓬勃发展背景下，在传统仿真技术基础上孕育而生的新技术。

最早，数字孪生思想由密歇根大学的 Michael Grieves 命名为“信息镜像模型”（Information Mirroring Model），而后演变为“数字孪生”的术语。数字孪生也被称为数字双胞胎和数字化映射。数字孪生是在 MBD 基础上深入发展起来的，企业在实施基于模型的系统工程（MBSE）的过程中产生了大量的物理的、数学的模型，这些模型为数字孪生的发展奠定了基础。

进入21世纪，美国和德国均提出了Cyber-Physical Systems(CPS)，也就是“信息-物理系统”，作为先进制造业的核心支撑技术。CPS的目标就是实现物理世界和信息世界的交互融合。通过大数据分析、人工智能等新一代信息技术在虚拟世界的仿真分析和预测，以最优的结果驱动物理世界的运行。数字孪生的本质就是在信息世界对物理世界的等价映射，因此数字孪生更好地诠释了CPS，成为实现CPS的最佳技术。

1.3.1.2 数字孪生发展历程

数字孪生的发展历程可以分为三个阶段。

第一阶段：1960年代至1990年代，数字孪生的雏形开始出现，主要用于工程建模和控制系统的设计。此阶段的数字孪生仍比较简单，主要用于辅助人们进行设计和测试。

第二阶段：2000年代至2010年代，数字孪生逐渐发展为一种能够模拟物理实体运行的技术，并广泛应用于航空、能源、制造等领域。NASA在2002年推出了数字孪生概念，并在2003年首次在航天领域成功应用。数字孪生的应用越来越广泛，成为重要的生产工具。

第三阶段：2010年代至今，随着数字技术的发展和智慧城市等新兴领域的崛起，数字孪生迎来了新的发展机遇。数字孪生的应用已经涵盖了许多领域，如城市规划、生态保护、智能交通等。欧洲也在积极推动数字孪生领域的发展。2014年，德国政府启动了“工业4.0”战略，数字孪生技术被作为其中的关键领域之一。欧盟也将数字孪生技术作为其“数字化单一市场”的核心技术之一。

1.3.1.3 主要国家及地区数字孪生政策

数字孪生技术已成为当前国际科技竞争的热点，多国政府纷纷推出相关政策以加强其国家数字经济建设。

1. 美国

作为第四次工业革命的通用目的技术，数字孪生技术得到了美国高度重视，并开展了以国防科技战略为主要驱动的系列研究。

一是数字孪生顶层设计不断完善。2010年，NASA将数字孪生引入《NASA空间技术路线图》并给出定义后，2013年，美国空军发布的《全球地平线：全球科技愿景》顶层科技规划文件中把数字孪生和数字线程作为改变未来竞争游戏规则的技术，2018年，美国国防部正式对外发布国防数字工程战略，也为

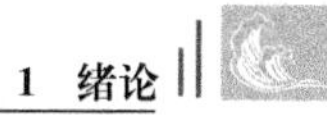

数字孪生的大规模应用奠定了基础。

二是持续进行数字孪生项目投资和推动跨行业应用。美国积极投资在制造业、军工、能源等领域的数字孪生项目，推动数字孪生泛行业应用。例如，美国海军于 2019 年启动了一项 210 亿美元的计划，以对其陷入困境的公共造船厂进行资本重组，其首要任务是创建“数字孪生”计算机模型来评估和优化每个船厂的基础设施。美国能源部 2020 年为 9 个数字孪生项目提供 2 700 万美元的资金，这些项目主要目的是用开发数字孪生技术来支持下一代核电站的运营和维护。

三是培育产学研生态。例如美国自然基金会（National Science Foundation, NSF）不断对大学、企业进行数字孪生项目奖励，涉及城市、制造、能源等多个领域。并且美国成立了由政府、科研机构、大学、企业、协会等组成的数字孪生联盟，旨在从标准、技术、应用等多方位推进数字孪生产业。

2. 欧盟

欧盟紧跟美国推进数字孪生的步伐，大力支持数字孪生在环境保护、城市建设、生产制造等领域的投资和应用。

一是顶层设计不断强化。欧盟在“工业 4.0”参考架构中融合数字孪生的同时，在“工业 5.0”中明确指出数字孪生和仿真，与个性化的人机交互，仿生技术和智能材料，数据传输、存储和分析技术，人工智能，能源效率、可再生能源、存储和自治技术作为“工业 5.0”的使能技术。

二是加大数字孪生在不同领域的落地布局。欧盟于 2019 年底创设了“欧洲城市数字孪生”项目，计划用三年时间，以数字孪生技术助力欧洲城市的智慧化决策制定，在短期和长期内帮助公共部门的决策变得更加民主和有效。该项目获得欧盟“地平线 2020”计划近 400 万欧元的资助。项目选取了在城市和地区的数字化转型历程中处于不同节点的三座城市进行开发和测试。该项目将提出“基于数据的决策服务”概念，确保欧洲所有城市都能够创建自己的数字孪生技术，解决数据使用相关的道德考量问题，同时遵守欧洲严格的隐私和安全法规。2020 年，欧盟和联合国启动了海洋数字孪生项目，旨在开发创新的海洋学解决方案，提供对海洋当前状态准确且全面的描述，并帮助预测海洋未来的演变。2022 年 3 月，欧盟发起“目的地地球倡议”项目，计划投资 1.5 亿欧元，旨在建立一个全面和高精度的数字孪生地球，在空间和时间上精确监测和模拟气候发展、人类活动和极端事件等。2022 年 9 月，由地平线欧洲（Horizon Europe）资助 1 240 万欧元的项目 interTwin 开始启动，它旨在设计和实施跨学科数字孪生引擎的原型，为跨学科的数字孪生提供通用方法。

3. 中国

我国早已对数字孪生进行相关政策布局，随着“十四五”规划的出台，近年来数字孪生相关政策的部署与落地明显提速，为产业提供良好的社会环境，助力其向规范发展进一步迈进。

一是数字孪生政策频频出台。国家层面，多个部委的相关文件中明确提出加强人工智能、数字孪生、非硅基半导体等关键前沿领域的战略研究布局和技术融通创新，并要加强数字孪生与传统行业深度融合发展。2023 年 2 月 27 日，中共中央、国务院印发了《数字中国建设整体布局规划》，明确了 2025 年和 2035 年的建设目标。地方层面，自 2021 年来，共有 28 个省份出台的 158 份文件提及“数字孪生”，数字孪生作为须突破的信息领域关键核心技术列入北京、上海、重庆等多个地方的科技创新规划里。数字孪生政策形成“技术＋应用”的双轮驱动体系，为各领域如何利用数字孪生技术促进经济社会高质量发展做出了战略部署。

二是数字孪生在泛行业纵深应用。在信息技术领域，要强化数字孪生技术研发和创新突破，加强与传统行业深度融合发展，推动关键标准体系的制定和推广，加快推进城市信息模型（CIM）平台建设，实现城市信息模型、地理信息系统、建筑信息模型等软件创新应用突破，支持新型智慧城市建设。在工业生产领域，要推动智能制造、绿色制造示范工厂建设，构建面向工业生产全生命周期的数字孪生系统，探索形成数字孪生技术智能应用场景，并推进相关标准的制修订工作，加大标准试验验证力度。围绕机械、汽车、航空、航天、船舶、兵器、电子、电力等重点装备领域，建设数字化车间和智能工厂，构建面向装备全生命周期的数字孪生系统，推进基于模型的系统工程（MBSE）规模应用，依托工业互联网平台实现装备的预测性维护与健康管理。在建筑工程领域，要加快推进建筑信息模型（BIM）技术在设计、审查、生产、施工、管理、监理等工程环节的集成应用。《数字中国建设整体布局规划》还指出，要推进自主可控 BIM 软件研发、完善 BIM 标准体系、建立基于 BIM 的区域管理体系以及开展 BIM 报建审批试点，到 2025 年，要基本形成 BIM 技术框架和标准体系。在水利应急领域，要加快已建水利工程智能化改造，不断提升水利工程建设运行管理智能化水平，要推进数字流域、数字孪生流域建设，实现防洪调度、水资源管理与调配、水生态过程调节等功能，推动构建水安全模拟分析模型，要在重点防洪区域开展数字孪生流域试点建设。另外，要加强城乡防灾基础设施建设，推动基于城市信息模型的防洪排涝智能化管理平台建设。在综合交通领域，要推进数字孪生等前沿技术与铁路领域深度融合，加强智能铁路技术研发应用，开展铁路设备智能建造数字孪生平台

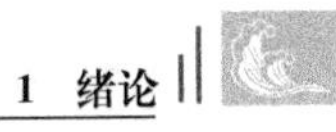

研发应用。构建设施运行状态感知系统，加强重要通道和枢纽数字化感知监测覆盖，增强关键路段和重要节点全天候、全周期运行状态监测和主动预警能力。在标准构建领域，要围绕智慧城市建设内容，加强城市数字孪生、城市数据大脑、城市数字资源体系等方面的标准体系建设，规范引导智慧城市发展。在城市发展领域，要加速推进老工业城市和资源型城市的智慧城市建设，推进数字技术与经济社会发展和产业发展各领域广泛融合，完成城市绿色化改造。

1.3.2 数字孪生流域

1.3.2.1 数字孪生流域的提出背景

水利系统涉及的数字孪生概念，就是通过在电脑上建构一个与真实物理流域或单元相同的虚拟世界，精准模拟真实世界中水利治理中的一切活动，实现各类水利治理管理行为的超前仿真推演，支撑水利智慧化决策。

国家高度重视数字孪生技术在水利方面的运用。《中华人民共和国国民经济和社会发展第十四个五年规划和2035年远景目标纲要》明确指出，构建智慧水利体系，以流域为单元提升水情测报和智能调度能力。“十四五”新型基础设施建设规划明确提出，要推动大江大河大湖数字孪生。水利部也明确指出“十四五”期间智慧水利建设的重点任务是构建数字孪生流域。2020年，水利部启动智慧水利先行先试工作，计划用2年时间，在长江水利委员会、黄河水利委员会、太湖流域管理局3个流域管理机构，浙江省、福建省、广东省、贵州省、宁夏回族自治区5个省级水利部门，深圳市、宁波市、苏州市3个市级水利部门，开展实施36项先行先试任务。

2021年4月，水利部高位推动智慧水利建设总体设计，明确提出了数字化、网络化、智能化建设目标，阐释了智慧水利建设中数字孪生流域的定位和作用，构建了“2＋N”智慧水利业务体系，提出了智慧水利业务的“四预”功能，并对任务分工和保障措施提出了具体要求。2021年6月28日，水利部党组召开“三对标、一规划”专项行动总结大会提出，要推进智慧水利建设，按照“需求牵引、应用至上、数字赋能、提升能力”要求，以数字化、网络化、智能化为主线，构建数字孪生流域，开展智慧化模拟，支撑精准化决策，全面推进算据、算法、算力建设，加快构建具有预报、预警、预演、预案功能的智慧水利体系，至此“数字孪生流域”首次正式提出。数字孪生流域是以物理流域为单元、时空数据为底座、水利模型为核心、水利知识为驱动，对物理流域全要素和水利治理管理活动全过程进行数字映射、智能模拟、前瞻预演，与物理流域同步仿真运行、虚实交互、迭代优化，实现对物理流域的实时监控、发现问题、优化调度的新型基础设施。

2021 年 12 月 23 日水利部召开推进数字孪生流域建设工作会议，全面系统阐述了为什么要建设数字孪生流域、怎样建设数字孪生流域、如何保障推进数字孪生流域建设等重大问题，指导当前和今后一个时期全国水利系统推进数字孪生流域建设。

进入 2022 年，根据水利业务特点，水利部又先后提出数字孪生水利工程、数字孪生水网并进行顶层设计，至此，数字孪生流域、数字孪生水网和数字孪生水利工程共同形成水利数字孪生系列，三者分别是物理流域、物理水网、物理水利工程在数字空间的映射，三者的关系决定于三个物理实体的相互关系，它们互不替代、各有侧重、相对独立、互联互通、信息共享。

1.3.2.2 数字孪生流域内涵

数字孪生流域是以物理流域为单元、时空数据为底座、数学模型为核心、水利知识为驱动，对物理流域全要素和水利治理管理活动全过程的数字化映射、智能化模拟，实现与物理流域同步仿真运行、虚实交互、迭代优化。数字孪生流域坚持流域系统观念、坚持全流域“一盘棋”，实现流域统一规划、统一调度、统一治理、统一管理。数字孪生流域的提出，将数据监测的单位从单个水利工程拓展至大型水利工程群、从单个河段拓展至整个流域，将预测的时程单位从时、日拓展至周、月、季度等远景情况，将预警的数据从一次险情、某个区域拓展至几十年内、全国范围的避险方案，是运用系统思维和数字技术方法解决水利难题的智慧实践。

数字孪生流域是现代信息技术与传统水利学科交叉的典型案例，通过与现实物理流域实时同步仿真运行，实现对物理流域实时监控、发现问题、优化调度，最终达到风险提前发现、预警提前发布、方案提前制定、措施提前实施，确保水利决策精准、安全、有效。数字孪生流域的建设与发展，带来了算据、算法、算力方面的庞大需求，将带动完成水利行业风险预测、安全监控、智能决策等领域关键技术的重点突破，推动构建具有预报、预警、预演、预案功能的数字孪生水利体系。

数字孪生流域数字化的新系统、新装备、新架构，为水利决策提供足够的数据支撑，是“千里眼”“顺风耳”。数据时代，数据成为关键生产要素和重要战略资源，数字孪生流域的建设，也是把发展数字经济自主权牢牢掌握在自己手中的重要举措，帮助其更好服务和融入新发展格局、推动高质量发展。对于数字孪生流域而言，其建设涉及上下游、左右岸、干支流及地表地下等，量大、面广，必须推

进共建共享，形成联合建设、统筹管理、合理调配的水治理体系。数字孪生是推进业务流程优化再造、模式重构、制度重塑的驱动引擎，是推进政府治理体系和治理能力现代化的客观要求。

数字孪生流域是一个全新概念，其建设是一项复杂的系统工程。一是投入大，需要大量人力、物力和财力；二是层级多，涉及水利部本级、流域管理机构、各级水行政主管部门、水利工程管理单位等多个层级；三是任务重，包含数据底板、模型平台、知识平台、水利感知网、水利信息网、水利云等多项建设内容，建设体量大；四是难度高，当前数字孪生流域方面研究成果和成功案例很少，许多领域还是空白，亟须开拓；五是关联强，数字孪生流域是一个有机系统整体，不同层级、不同应用主体的数字孪生流域之间在数字底板和业务应用方面关联非常紧密。

1.3.2.3 数字孪生流域组成及建设思路

1. 组成

数字孪生流域是智慧水利建设的核心与关键，以水利感知网、水利信息网、水利云等为基础，运用大数据、人工智能、虚拟仿真等技术，以物理流域为单元、多维时空数据为底板、水利模型为核心、水利知识为驱动，对物理流域全要素和水利治理管理活动全过程进行数字化映射、智能化模拟，支撑实现流域防洪、水资源管理与调配“四预”以及N项水利智能业务应用。其组成包括：

(1) 数字孪生平台。主要由数据底板、模型平台、知识平台等构成。各组成部分功能与关联为：

数据底板汇聚水利信息网传输的各类数据，为智慧水利提供算据，包括基础数据、监测数据、业务管理数据、跨行业共享数据、地理空间数据以及多维多时空尺度数据模型。其主要是在全国水利“一张图”基础上扩展升级，细分为3级数据底板，为各级水利部门提供统一的时空数据基础。

模型平台利用数据底板成果，以水利专业模型分析物理流域要素变化、活动规律和相互关系，通过智能识别模型提升水利感知能力，利用模拟仿真引擎模拟物理流域的运行状态和发展趋势，并将以上结果通过可视化模型动态呈现，为智慧水利提供“算法”。模型平台包括水利专业模型、智能识别模型、可视化模型和模拟仿真引擎。

知识平台汇集数据底板产生的相关数据、模型平台的分析计算结果，经水利知识引擎处理形成知识图谱服务水利业务应用。知识平台主要包括对象关联关系图谱、预报方案库、业务规则库、调度方案库、历史场景库和水利知识引擎。

(2) 信息化基础设施。主要由水利感知网、水利信息网、水利云等构成。各组成部分功能与关联为:水利感知网负责采集数字孪生流域所需各类数据;通过水利信息网将数据传输至数字孪生平台数据底板;水利云平台负责提供数据计算和存储资源。

2. 建设思路

(1) 总体要求

需求牵引。从水利部门职责出发开展需求分析,掌握水利业务目标、流程、功能、数据等,以此作为智慧水利规划设计、建设管理基本依据。

应用至上。业务部门要善于用数据说话、用数据管理、用数据决策,会用、善用智慧水利系统为水利治理管理和决策提供支撑;网信部门要确保建成的系统管用、实用、好用。

数字赋能。推动新一代信息技术与水利业务深度融合,推动水利业务智能化,发挥数字化、网络化、智能化对水利现代化加速器、催化剂作用,推进水利决策科学化、水利治理管理精细化、水利公共服务高效化。

提升能力。在"四预"功能支撑下,实现水利工程的实时监控、优化调度,提升水旱灾害防御、水资源集约节约利用、水资源优化配置和大江大河大湖生态治理保护等能力。

(2) 建设主线

数字化是把物理世界在计算机系统中进行虚拟仿真,利用数字技术驱动模式创新、流程再造。

网络化是利用通信技术和计算机技术,把分布在不同地点的计算机及各类电子终端设备互联起来,按照一定网络协议相互通信以使所有用户可以共享软件、硬件和数据资源。

智能化是使对象具备灵敏准确的感知功能、正确的思维与判断功能、自适应的学习功能以及行之有效的执行功能而进行的工作。智能化是从人工、自动到自主的过程。

数字化奠定基础,实现数据资源的获取和积累;网络化构造平台,促进数据资源的流通和汇聚;智能化展现能力,通过多源数据融合分析呈现信息应用的类人智能,帮助人类更好认知事物和解决问题。

(3) 实施路径

构建数字化场景。以自然地理、干支流水系、水利工程、经济社会信息为主要内容,对物理流域进行全要素、水利治理管理活动全过程数字化映射,并实现物理流域与数字孪生流域之间动态、实时信息交互和深度融合,保持两者同步

性、孪生性。重点是构建数字流场，主要任务是建设数据底板，为智慧水利提供海量数据支撑。

开展智慧化模拟。在数据底板的基础上，构建由水利专业模型、智能识别模型、可视化模型和模拟仿真引擎等组成的模型平台，以及由水利对象关联关系、预报调度方案、业务规则、历史场景、专家经验和知识引擎等组成的知识平台，为智慧水利提供细化、量化、动态、直观的计算分析等功能。智慧化模拟重点是支撑模拟仿真，主要任务是建设模型平台和知识平台，为智慧水利提供算法驱动。

实现精准化决策。在防洪调度、水资源管理与调配、水生态过程调控等预演的基础上，生成决策建议方案。重点是制定最优化方案，主要任务是科学制定预案，以便最大程度提前规避风险、提高效益、减少损失。

(4) 建设重点

算据是物理流域及其影响区域的数字化表达，是构建数字孪生流域的基础，包括自然地理、干支流水系、水利工程基础数据，监测数据，业务管理数据，地理空间数据，经济社会信息等各类数据。算法是物理流域自然规律的数学表达，是构建数字孪生流域的关键，包括水利专业模型、智能识别模型、可视化模型以及水利对象关联关系、预报调度方案、业务规则、历史场景、专家经验等内容。算力是数字孪生流域高效稳定运行的重要支撑，包括计算资源、存储资源、网络通信资源、会商环境等。

(5) “四预”之间的关系

“四预”之间环环相扣、层层递进，是数字孪生流域的出发点和落脚点。预报是基础，对各类水安全要素进行预测预报，为预警工作赢得先机。预警是前哨，对各类危害及次生灾害的预警信息指导水利工作一线，为启动预演提供指引。预演是关键，在数字孪生流域中对典型历史事件场景下的水利工程调度进行精准复演，确保数字孪生流域所构建的模型系统准确，对设计、规划或未来预报场景下的水利工程运用进行模拟仿真，目的是及时发现问题，科学制定和优化调度方案。预案是目标，确定工程调度运用、非工程措施和组织实施方式，确保预案的可操作性。

3. 任务和目标

(1) 建设目标

“十四五”期间建成全国统一、及时更新的数据底板以及多级协同的模型平台和知识平台，迭代提升信息化基础设施，建成七大江河数字孪生流域并在重点防洪地区实现“四预”，在跨流域重大引调水工程、跨省重点河湖基本实现水资源管理与调配“四预”，N 项业务智能应用水平大幅度提升，数据共享和网络安全防护能力明显增强，为新阶段水利高质量发展提供有力支撑和强力驱动。

到 2023 年年底完成数字孪生流域建设 94 项先行先试任务并取得预期成果。到 2025 年年底基本建成具有“四预”功能七大江河数字孪生流域。

(2) 主要建设任务

主要包括建设数字孪生平台、信息化基础设施、水利智能业务应用以及网络安全体系等四部分内容。

①数字孪生平台

数据底板。水利部本级建设覆盖全国的 L1 级数据底板，主要包括全国陆域范围的 30 m 空间分辨率的数字高程模型(DEM)、2 m 空间分辨率的数字正射影像图(DOM)、30 m 空间分辨率的流域下垫面地表覆盖数据以及局部重点区域数字表面模型(DSM)。流域管理机构和省级水行政主管部门建设覆盖大江大河大湖及其主要支流江河流域重点区域的 L2 级数据底板，长度约 5 万 km，面积约 18 万 km^2。此外，水利部本级制定统一的水利数据模型和水利网格模型，并与各流域管理机构和省级水行政主管部门协同建设数据引擎。

模型平台。水利部本级组织各流域管理机构共同建设水文、水力学、泥沙动力学、水资源、水土保持、水生态、水利工程安全 7 大类水利专业通用模型，各流域管理机构和省级水行政主管部门根据具体需要建设流域特色模型；水利部本级建设遥感识别、视频识别、语音识别 3 类智能识别模型，以及自然背景、流场动态、水利工程、机电设备 4 类可视化模型。水利部本级与各流域管理机构和省级水行政主管部门协同建设模拟仿真引擎。

知识平台。水利部本级建设通用知识库和水利知识引擎，各流域管理机构和省级水行政主管部门根据需要定制扩展具有流域特色的水利知识库和水利知识引擎，并实现服务调用和共享交换。水利部本级编制水利知识库建设标准规范以及全国 65 条主要河流 323 个重要断面的预报方案库、水利对象关联关系图谱等知识库。流域管理机构建设约 40 场次历史大洪水场景库以及预警规则库、调度预案库等知识库。

②信息化基础设施

水利感知网。水利部本级建设感知数据汇集平台、视频级联集控平台和水利遥感服务平台，并牵头开展陆地水资源卫星工程项目建设。各流域管理机构和省级水行政主管部门建设流域、区域感知数据汇集平台，扩展定制视频级联集控平台流域节点、区域节点和水利遥感服务平台流域节点、区域节点，升级改造

各类监测站，并装备无人机、无人船等。

水利信息网。水利部本级、各流域管理机构和省级水行政主管部门优化调整网络结构，推进 IPv6 的规模部署和应用，扩大互联网带宽。此外，水利部本级建设北斗水利短报文服务平台，升级水利卫星通信网。各流域管理机构和省级水行政主管部门组织有关单位建设水利工程工控网等。

水利云。建设一级水利云水利部本级节点和 7 个流域管理机构节点，其中水利部本级节点包括 500 台基础计算服务器资源、100PB 存储资源、300 台高性能计算服务器资源、30 台人工智能并行计算服务器资源；各流域管理机构节点共包括 540 台基础计算服务器资源、32PB 存储资源、70 台高性能计算服务器资源、45 台人工智能并行计算服务器资源；省级水行政主管部门依托政务云、自建云等建设二级水利云。

③水利智能业务应用

流域防洪。水利部本级、各流域管理机构和省级水行政主管部门在国家防汛抗旱指挥系统工程、中小河流水文监测预警系统、山洪灾害防治等项目建设成果基础上，基于数字孪生平台，搭建“1＋7＋32”的流域防洪“四预”业务平台。

水资源管理与调配。水利部本级基于数字孪生平台，整合国家水资源信息管理系统、国家地下水监测工程建设成果等，对接省级水资源管理与调配系统，扩展水资源调配“四预”等功能，搭建国家水资源管理与调配系统。各流域管理机构和省级水行政主管部门在此基础上结合流域特点整合相关系统、扩展功能、接入数据，搭建流域和区域水资源管理与调配系统。

N 项业务。水利部本级在已有信息系统基础上，结合国家水利综合监管平台，整合升级改造水利工程建设与运行管理、河湖管理、水土保持、农村水利水电、节水管理与服务、南水北调工程管理、水行政执法、水利监督、水文管理、水利行政、水利公共服务等业务应用。各流域管理机构和省级水行政主管部门在国家水利综合监管平台基础上，结合流域和区域业务特点整合相关系统、扩展功能、接入数据，搭建流域、区域 N 项业务系统。

④网络安全体系

水利部本级在网络安全防护体系建设基础上，强化数据安全防护，进一步加强重要数据保护和地理空间数据安全使用；建立健全水利行业关键信息基础设施网络安全监测预警制度，建设水利关键信息基础设施安全保护平台。各流域管理机构和省级水行政主管部门在现有安全体系建设基础上，提升纵深防御、监测预警、应急响应等网络安全防护能力，重点保护水利关键信息基础设施。

1.4 研究目的和意义

1.4.1 研究目的

紧密围绕永定河治理管理实际需要，遵循数字孪生流域建设的总体要求，充分利用云计算、数字孪生等新一代信息技术，按照“需求牵引、应用至上、数字赋能、提升能力”要求，以数字化、网络化、智能化为主线，以数字化场景、智慧化模拟、精准化决策为路径，在充分利用现有信息化建设成果的基础上建成数字孪生永定河，重点支撑官厅水库上游多水源联合调度与配置，官厅水库下游防洪“四预”调度，兼顾工程建设与运行管理、企业运营管理、河湖管理、节水管理与服务等业务体系，初步实现永定河孪生，基本形成以信息化手段为主的流域治理管护新模式，提升永定河综合管理模式创新和水治理能力。

1.4.2 研究意义

1. 是国家发展战略的明确要求

《中华人民共和国国民经济和社会发展第十四个五年规划和2035年远景目标纲要》明确提出“加快数字化发展，建设数字中国”，“构建智慧水利体系，以流域为单元提升水情测报和智能调度能力”。《“十四五”新型基础设施建设规划》明确提出，要推动大江大河大湖数字孪生、智慧化模拟和智能业务应用建设。水利部党组高度重视智慧水利建设，提出智慧水利是新阶段水利高质量发展的最显著标志和六条实施路径之一，要加快构建具有“四预”（预警、预报、预演、预案）功能的智慧水利体系。近期，水利部先后出台《关于大力推进智慧水利建设的指导意见》《智慧水利建设顶层设计》《“十四五”智慧水利建设规划》《“十四五”期间推进智慧水利建设实施方案》等重要文件，全面部署智慧水利建设，并将数字孪生流域建设作为构建智慧水利体系、实现“四预”的核心和关键，针对数字孪生流域建设开展符合国家发展战略，符合水利部对水利行业信息化发展的实践活动。

2. 是提升永定河综合管理能力的重要手段

随着《总体方案》逐步推进，生态修复效果逐步显现，在此过程中，信息化技术提供了有力支撑。为科学谋划和扎实推进新阶段流域高质量发展，必须持续加大保护、治理和建设力度，提升永定河治理能力与水平，为此，海委组织编制《总体方案（修编）》。《总体方案（修编）》提出以永定河水资源系统为基础，建设数字孪生永定河，为永定河流域治理管理提供强力支撑。

永定河综合治理是探索以投资主体一体化带动流域治理一体化、促进政府与市场有机结合两手发力的国内流域治理模式的重大创新。在实施过程中，在水资源调配与管理、防洪管理、工程建设与运行管理、企业运营管理、节水管理等方面出现了更多业务需求，面对流域水资源变化复杂、大量工程项目产生的影响以及精细化管理的需求，有必要利用信息化、智能化工具全面提升永定河流域综合管理现代化水平和管控能力，为推动永定河高质量发展提供技术手段。

3. 是保障流域水安全的迫切需求

近年来，我国区域性的洪水干旱灾害连年发生，流域性的水灾害事件也愈加频繁，永定河是全国四大重点防洪江河之一，是保卫首都北京防洪安全的西部防线。为深入贯彻习近平总书记关于防汛救灾工作的重要指示精神，坚持人民至上、生命至上，守住安全的底线，全面提升流域水旱灾害防御能力，着力提高“四预”能力，推动流域加快构建新发展格局提供坚实的水安全保障，对建设永定河“安全的河”目标提出了新的更高要求。

4. 是实现数字化、智慧化、精准化的必由之路

水利部部长明确指出，智慧水利是水利高质量发展的显著标志，要建立物理水利及其影响区域的数字化映射，实现预报、预警、预演、预案“四预”功能。当前，数字孪生、云计算、物联网、大数据、移动互联网、人工智能等新一代信息技术与经济社会各领域不断深度融合，带来了生产力。

通过深度融合水利业务与信息技术，整合构建具有“四预”功能的永定河水资源管理与调配体系、防洪管理体系以及 N 项业务体系，在数字流域场景中实现动态交互、实时融合和仿真模拟，是实现数字化场景、智慧化模拟、精准化决策的必由之路。

5. 是数字孪生海河建设的工作基础

在《水利部关于强化流域治理管理的指导意见》(水办〔2022〕1 号)中明确提出“加快推进数字孪生流域建设，通过数字化、网络化、智能化手段，实现物理流域与数字孪生流域同步仿真运行、实时交互和迭代优化，强化预报、预警、预演、预案功能，支撑流域治理管理活动”。海河流域包括 3 大水系、7 大河系，在数字孪生海河建设中采取分区分步的建设方式。以《总体方案(修编)》作为依托，海委、永定河流域公司等相关单位有明确需求，永定河水资源系统、洪水预报系统、防洪调度系统提供了良好的信息化基础，且有水利部和海委的相关文件作为工作依据，因此，《数字孪生海河建设实施方案(2021—2025 年)》提出以数字孪生永定河作为“先行先试”项目开展建设，并将其纳入《2022 年数字孪生海河建设工作要点》。数字孪生永定河将为数字孪生海河奠定基础，对数字孪生海河的建

设具有引领示范作用。

1.5　主要研究内容

遵循数字孪生流域建设要求，以多维时空数据为底座、水利模型为核心、水利知识为驱动，围绕数字孪生永定河中的数据底板、模型平台、知识平台、智能业务应用等四方面开展研究和建设，实现与物理流域的同步精准映射、协同交互智能推演。

1. 基于多源多尺度数据的永定河数据底板构建

数据底板主要由数据资源池、多维多时空尺度数据模型、数据引擎构成。结合永定河业务需求，以数据模型为核心，将卫星遥感数据、航空摄影数据、倾斜摄影数据、BIM 模型、城市信息 CIM、经济社会数据等多源、多维、多时空数据进行关联与融合，形成基础数据统一、监测数据汇集、预测预报数据集成、二三维一体化、跨层级、跨业务的数据体系，支撑数字孪生场景建设。同时搭建数据管理平台，实现水利数据全生命周期的智能化一站式开发运营管理，为数字孪生永定河提供数据支撑。

2. 基于多类水循环场景的永定河模型平台研究

永定河生态调度过程受沿线的取用水影响很大，包括平原段河道与湖泊、砂石坑串联，以及河道渗漏情况严重等问题，研究建设不同时间尺度径流滚动修正预报模型、河道输水水量损失评价模型、基于模拟优化框架的生态水量调度模型、考虑取用水过程的地表-地下水耦合模拟模型以及永定河生态补水效果评估模型。针对永定河防洪调度业务预报调度一体化耦合计算需求，研究建设全流域水文-水动力耦合模型、重点区域水工程联合防洪调度及仿真模拟模型，支撑智能业务应用防洪和水资源“四预”。采用多源数据融合技术、多尺度建模技术和多层次可视化渲染技术对永定河流域大范围影像、地形、河流、水利工程、BIM 模型等多对象进行三维可视化渲染，构建全流域一体的可计算、可表达的数字孪生体，为实现物理流域全要素和水利治理管理活动全过程的数字化映射提供技术支撑。

3. 基于大语言模型和知识图谱的永定河知识平台研究

知识平台是数字孪生流域建设的重要组成部分，通过知识图谱和机器学习等技术实现对水利对象关联关系和水利原理、规律、规则、经验等知识的抽取、管理和组合应用，为数字孪生流域提供智能内核，支撑正向智能推理和反向溯因分析。平台主要包括水利知识库和水利知识引擎，其中水利知识库提供描述原理、规律、规则、经验、技能、方法等信息；水利知识引擎是组织知识、进行推理的技术

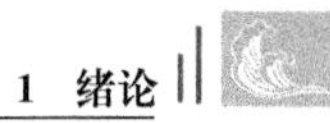

工具，水利知识经知识引擎组织、推理后形成支撑研判、决策的信息。知识平台应关联到可视化模型和模拟仿真引擎，实现各类知识和推理结果的可视化。

4. 基于“四预”功能的永定河智能业务应用体系设计

针对当前永定河流域生态调水管理工作中的重点工作及薄弱环节，兼顾流域、地方、部门职能，统筹考虑各业务工作与职能，设计搭建永定河业务门户，构建应用系统，以水利专业模型、数字孪生平台为支撑，形成涵盖水资源管理与调配、流域防洪、屈家店综合调度运行管理、河湖管理、节水管理与服务、流域文化、永定河“一张图”、综合评价、遥感分析、信息填报等子系统在内的智能、高效、协同的业务系统，并开发移动端应用和微信公众号，初步实现孪生永定河防洪和水资源“四预”，基本形成以信息化手段为主的流域治理管护新模式，提升永定河综合管理模式创新和水治理能力。

2

关键技术与开发环境

2.1 技术路线

通过梳理现有系统和数据基础，分析本项目数据资源、业务功能、软硬件环境等需求，在需求分析的基础上，进行系统设计和开发工作。

1. 现状梳理

永定河水资源实时监控与调度系统以“监督、监控、评价、评估、调度、预警”为核心功能，开展了监测体系、数字永定河平台、业务系统、安全体系建设，现已基本建成，为本项目建设提供了工作基础。为满足新阶段水利高质量发展要求，进一步提升永定河治理管理能力，需要以永定河水资源实时监控与调度系统为基础，建设数字孪生永定河，为永定河流域治理管理提供强力支撑。

2. 需求分析

数字孪生流域是以物理流域为单元、时空数据为底座、数学模型为核心、水利知识为驱动，对物理流域全要素和水利治理管理活动全过程的数字化映射、智能化模拟，实现与物理流域同步仿真运行、虚实交互、迭代优化，为实现流域统一规划、统一治理、统一调度、统一管理提供技术支撑。

3. 系统设计和开发

遵循已有系统建设框架和技术标准，根据需求分析成果和项目技术要求开展系统设计、开发、集成、测试和试运行工作。

2.2 关键技术

1. 微服务体系架构

微服务架构是一项在云中部署应用和服务的新技术。微服务的基本思想在于考虑围绕业务领域组件创建应用，这些应用可独立地进行开发、管理和加速。在分散的组件中使用微服务云架构和平台，使部署、管理和服务功能交付变得更加简单。微服务是利用组织的服务投资组合，然后基于业务领域功能分解它们，在看到服务投资组合之前，它还是一个业务领域。使用微服务构建现代化应用程序是很有意义的，因为它既利用了扩展横向扩展架构，也利用纵向扩展架构；还额外得到 API 的组合，且在整个业务中可重复利用。

由于本研究项目涉及内容庞杂，属于大型复杂软件系统，项目采用微服务架构，把系统划分为不同的微服务，各微服务独立部署，通过 RESTful 接口进行通信，支持服务横向扩展、高可用、高并发。通过项目把单个小的业务功能发布为服务，将功能分解到各个离散的服务中以实现对解决方案的解耦。每个服务都

有自己的轻量通信和处理机制，针对各个相对独立的业务方法和业务逻辑，封装形成可复用的业务组件。通过使用业务组件库中的组件和流程定制，实现面向服务、面向组件的系统搭建与定制。

2. 敏捷开发模式

敏捷开发模式是以用户的需求进化为核心，采用迭代、循序渐进的方法进行的软件开发。由于本项目涉及内容复杂且开发周期较长，因此采用敏捷开发模式，将开发任务分解为很多小周期可完成的任务，这样一个周期就是一次迭代的过程，每一次迭代都可以开发出一个可以交付的软件产品，确保其不断地滚动地支撑水资源监控与调度业务实践的各个环节。

3. 模型松散耦合技术

本项目基于微服务架构体系和松散耦合集成模式，构建了水利专业模型库接口中间件。通过机理过程耦合和空间关系模型耦合，按照水循环与能量流动的物理化学过程，实现不同类型的模型或算法的耦合，集成了机器学习、数理统计、分布式水文模型、需水预测模型、生态水量调度模型、洪水预报及演进等模型，解决了复杂环境下单项模型无法完成的模拟任务，以及粗尺度模型的精度问题和精确模型的效率问题。

4. 超融合云平台技术

项目集虚拟化平台和云管理特性于一身，实现云数据中心底层计算、存储、网络、安全等资源的统一调度管理，实现业务的动态变更、资源的智能管理和服务的自动化交付，通过对大规模硬件资源的有效监控、灵活的调度策略，确保用户数据的安全、可靠，实现资源的动态流转与伸缩。具体特点包括：①一体化架构：超融合云平台将计算、存储、网络等资源整合在一个物理设备或节点中，形成一体化的云计算基础架构，避免了资源碎片化和资源浪费。②软件定义：超融合云平台通过软件定义的方式进行管理和运维，可以根据业务需求动态调整云资源，提升资源利用率。③高可靠性：超融合云平台采用分布式存储和数据备份等技术，实现高可靠性和数据保护，防止数据丢失和业务中断。④易于管理：超融合云平台通过集成化的管理工具，可以实现对云平台的全面管理和监控，方便用户进行运维和管理。

5. 虚幻引擎技术

虚幻引擎技术基于物理的渲染技术、动态阴影选项、屏幕空间反射以及光照通道等功能实现对物理流域的逼真呈现。本项目采用虚幻引擎技术进行数字孪生场景构建，主要包括 Nanite 与 Lumen 两项核心功能。Nanite 技术可以将几何体虚拟化，极快地渲染超多的三角面，并且能够将很多的三角面无损压缩成很少的数量。能够展示像素级别的细节,这使得几何体中的三角形也常是像素大小的,这个级别的几何体细节也要求阴影能够精确到像素。

Lumen 是一套动态全局光照技术,可以实现实时光线反弹,可以包含多次反弹的全局光照,没有光照贴图并无须烘焙,启用 Lumen 之后,只要移动光源,光线反弹效果就会跟着实时变化。Lumen 能够对场景和光照变化做出实时反应,且无需专门的光线追踪硬件。Lumen 能在任何场景中渲染间接镜面反射,也可以无限反弹地漫反射。使用 Lumen 创建出更动态的场景,可以随意改变白天或者晚上的光照角度,系统会根据情况调整间接光照。

6. 移动终端原生开发技术

当前流行的两大移动平台主要包括 iOS 和 Android。移动设备的计算能力与存储空间有限,在移动设备上运行的应用须考虑效率与空间的问题,因此应优化项目 UI 设计,尽可能充分利用手机屏幕展示更多关键信息。

7. 数据可视化

将项目中每一个业务数据项作为单个图元元素表示,大量的数据集构成数据图像,同时将数据的各个属性值以多维数据的形式表示,可以从不同的维度观察数据,从而使用户能对数据进行更深入的观察和分析。

2.3 创新点

1. 首创全流域多尺度生态水量调度"四预"业务应用体系

面向水资源短缺地区生态流量保障的难点,以实现生态水量调度的"四预"功能为目标,提出全流域、多尺度、全过程的流域生态水量优化调度与水流模拟融合技术,全面支撑年、季、月、旬、日等多尺度调度计划制订,实时跟踪调水状况,触发实时预警及动态调整,实现生态调度预演模型与实时调整调度指令的协同应用,支撑生态水量调度全过程精细化调度、精准化模拟、智能化决策。

2. 研发 GPU 并行加速与复杂边界条件解耦协同的洪水演进模型

紧扣"降雨—产流—汇流—演进"环节,实现洪水过程的全链条、高精度模拟。利用自主研发的二维 GPU 加速水动力模型,耦合工程调度规则,提出了水文水动力、一二维耦合等复杂耦合关系的动态解耦方法,实现流域大范围洪水演进过程的分区和 GPU 并行计算,将计算速度提升至分钟级,全面支撑流域防洪"四预"。

3. 实现洪水推演过程多要素"视算一体"

研发海量空间时序数据快速加载与水流场多要素实时渲染技术,真正实现

洪水推演“视算一体”,保障流域防洪业务实时预演、迭代演算。

4. 智能融合多源大数据,一体化构建数字孪生体

融合空间地理 GIS、工程 BIM、城市信息 CIM、视频图像数据、水利感知数据、倾斜摄影、卫星遥感等多种数据格式,构建全流域一体的可计算、可表达的数字孪生体,解决多源数据精度不一致,用户真实感、沉浸感体验差的问题,实现从流域、工程全貌大场景到局部细节的无缝融合渲染,以及自然要素、社会要素、水利要素等全要素数字化表达。

5. 构建基于大语言模型和知识图谱的智能业务应用

基于海量业务数据、图书文献、期刊论文和行业资料,构建知识库,训练大语言模型,创建知识图谱,实现水工程联合调度计算方案自动构建、防洪预案和生态调度方案智能匹配等智能业务应用。

6. 实现超大孪生场景中任意视角全要素数据秒级加载

研发分布式架构的三维模型自动简化重构技术,调用 10TB 体量数据,实现 4.7 万 km^2 全流域数字化场景秒级加载。

2.4 开发环境

开发环境主要包括软件环境和硬件环境。

2.4.1 软件环境

利用本项目配置的数据库管理软件、GIS 软件、应用中间件和操作系统等形成项目软件运行环境,详见表 2-1。

表 2-1 软件环境清单表

序号	项目名称	产品名称	用途	备注
1	数据库管理软件	达梦数据库管理系统[简称:DM] V8.0	数据管理	服务端
2	GIS 软件	SuperMap iServer 10i SuperMap iDesktop Java 10i	地图服务	服务端
3	应用中间件	东方通 TongWeb V7.0	业务应用发布	服务端
4	服务器操作系统	银河麒麟服务器操作系统 V10.0	服务器操作系统	服务端
5	云管理平台软件	华为云 Stack	配置虚拟机服务	服务端

续表

序号	项目名称	产品名称	用途	备注
6	模型软件	基于机器学习方法的中长期水文预报模块、基于数理统计方法的中长期水文预报模块、中短期水文水资源模块、基于 DDRM 模型的短期水文水资源模块、VIC 模型及水力学方法相结合的短期水文水资源模块、地下水动态模拟模块、流域需水预报模块、流域水质模拟模块、水生态动态评价模块、生态水量调度模块	为永定河水量调度、综合评价和监督管理业务提供支撑	服务端
7	浏览器	奇安信、火狐、谷歌、360、IE 10 及以上等	系统访问	客户端
8	Android	Android 8.0 以上	安卓端运行	客户端
9	iOS	iOS 10 以上	iOS 端运行	客户端

2.4.2 硬件环境

利用本项目配置的服务器、存储设备和图形工作站形成项目硬件运行环境。硬件设备产品型号如表 2-2 所示。

表 2-2 硬件环境清单表

序号	项目名称	产品名称	用途
1	管理节点服务器	华为 taishan200k 2280	云管理平台部署
2	网络节点服务器	华为 taishan200k 2280	网络管理
3	计算节点服务器	华为 taishan200k 2280	应用部署
4	数据接收服务器	华为 taishan200k 2280	数据接收平台部署
5	视频管理服务器	华为 taishan200k 2280	视频软件运行
6	生产中心存储设备	华为 OceanStor 5310	生产存储及提供数据服务
7	管理中心存储设备	华为 OceanStor 5310	存储云管理平台相关数据
8	图形工作站	联想 ThinkStation P520C	数字场景运行维护

项目计算节点服务器形成计算资源池，在计算资源池中进行配置，划分出业务应用服务器、数据库服务器、数据服务支撑平台服务器、模型服务器、信息填报服务器等，服务器配置见表 2-3。

表 2-3　服务器配置清单表

序号	项目名称	产品配置	用途
1	业务应用服务器	CPU:24 核;主频:2.6 GHz;内存:128G;硬盘:2T	业务应用部署
2	数据库服务器	CPU:12 核;主频:2.6 GHz;内存:128G;硬盘:2T	数据库部署
3	数据服务支撑平台服务器	CPU:12 核;主频:2.6 GHz;内存:128G;硬盘:2T	数据服务支撑平台部署
4	模型服务器	CPU:24 核;主频:2.6 GHz;内存:128G;硬盘:1T	模型部署
5	信息填报服务器	CPU:24 核;主频:2.6 GHz;内存:64G;硬盘:1T	信息填报部署

3

数字孪生永定河总体设计

3.1 设计依据和原则

3.1.1 设计依据

1. 法律法规

《中华人民共和国水法》

《中华人民共和国防洪法》

《中华人民共和国网络安全法》

《中华人民共和国密码法》

《中华人民共和国数据安全法》

《中华人民共和国水文条例》

《关键信息基础设施安全保护条例》

2. 指导文件

《中华人民共和国国民经济和社会发展第十四个五年规划和2035年远景目标纲要》

《国务院关于加强数字政府建设的指导意见》(国发〔2022〕14号)

《永定河综合治理与生态修复总体方案》

《永定河综合治理与生态修复总体方案(2022年修编)》

《永定河干流水量分配方案》

《关于大力推进智慧水利建设的指导意见》

《智慧水利建设顶层设计》

《智慧水利总体方案》

《"十四五"智慧水利建设规划》

《"十四五"期间推进智慧水利建设实施方案》

《水利部关于强化流域治理管理的指导意见》

《数字孪生流域共建共享管理办法(试行)》

《数字孪生流域建设技术大纲(试行)》

《数字孪生水利工程建设技术导则(试行)》

《水利业务"四预"基本技术要求(试行)》

《水利部关于开展数字孪生流域建设先行先试工作的通知》

《海河流域综合规划(2012—2030年)》

《海河流域水资源保护规划(2015—2030年)》

《海河流域"十四五"水安全保障规划》

《海河流域防洪规划》

《智慧海河总体方案》

《“十四五”数字孪生海河建设方案》

《数字孪生永定河建设先行先试实施方案》

3. 标准规范

《信息安全技术　网络安全等级保护基本技术要求》(GB/T 22239—2019)

《关于印发水利网络与信息安全体系建设基本技术要求的通知》(水文〔2010〕190号)

《水利通信工程质量评定与验收规程》(SL/T 694—2021)

《水资源评价导则》(SL/T 238—1999)

《水文基础设施建设及技术装备标准》(SL/T 276—2022)

《水文自动测报系统技术规范》(GB/T 41368—2022)

《水资源水量监测技术导则》(SL 365—2015)

《河流流量测验规范》(GB 50179—2015)

《声学多普勒流量测验规范》(SL 337—2006)

《水环境监测规范》(SL 219—2013)

《地表水饮用水水源地水质在线监测技术指南》

《地表水环境质量标准》(GB 3838—2002)

《地表水资源质量评价技术规程》(SL 395—2007)

《水域纳污能力计算规程》(GB/T 25173—2010)

《水资源监测要素》(SZY 201—2016)

《水资源监测设备技术要求》(SZY 203—2016)

《水资源监测数据传输规约》(SZY 206—2016)

《实时雨水情数据库表结构与标识符》(SL 323—2011)

《水质数据库表结构及标识符》(SL 325—2014)

《基础数据库表结构及标识符》(SZY 301—2018)

《监测数据库表结构及标识符》(SZY 302—2018)

《实时工情数据库表结构及标识符》(SL 577—2013)

《业务数据库表结构及标识符》(SZY 303—2013)

《空间数据库表结构及标识符》(SZY 304—2018)

《多媒体数据库表结构及标识符》(SZY 305—2018)

《元数据》(SZY 306—2017)

《水利视频监视系统技术规范》(SL 515—2013)

《视频安防监控系统工程设计规范》(GB 50395—2007)

《公共安全视频监控联网信息安全技术要求》(GB 35114—2007)

《公共地理信息通用地图符号》(GB/T 24354—2023)

《国家基本比例尺地图图式 第1部分:1∶500　1∶1000　1∶2000 地形图图式》(GB/T 20257.1—2017)

《公共气象服务 天气图形符号》(GB/T 22164—2017)

《风力等级》(GB/T 28591—2012)

《雾的预报等级》(GB/T 27964—2011)

《地表水环境质量标准》(GB 3838—2002)

《防汛抗旱用图图式》(SL 73.7—2013)

《水利信息产品服务总则》(SL/T 798—2020)

《水电厂计算机监控系统基本技术条件》(DL/T 578—2023)

《水利水电工程信息模型设计应用标准》(T/CWHIDA 0005—2019)

《水利水电工程设计信息模型交付标准》(T/CWHIDA 0006—2019)

《水利水电工程信息模型分类和编码标准》(T/CWHIDA 0007—2020)

《水利水电工程信息模型存储标准》(T/CWHIDA 0009—2020)

3.1.2　设计原则

1. 需求牵引,应用至上

梳理分析明确的职责业务目标,立足于永定河管理的实际业务需求,详细分析实际应用中服务对象对功能、性能等各方面的要求,结合基础条件,有针对性地安排建设内容。

2. 统一设计,分步实施

永定河数字孪生项目按照水利部总体要求统一设计,坚持“全流域一盘棋”,基于《总体方案(修编)》和《实施方案》,分阶段实施,科学安排各类项目建设时序和节奏,根据需求的紧迫程度,数字孪生各功能模块按需上线,海委、各省市、永定河流域公司协同推进。

3. 技术成熟,适度前瞻

对标数字孪生流域建设要求,采用与当前技术发展趋势保持一致的、成熟技术,加强水利业务与新一代信息技术融合创新,兼顾成熟性和先进性。

4. 资源整合,开放共享

利用现有的信息化建设成果,充分考虑业务需求的发展并进行建设,构建层次清晰、结构稳定、标准统一的总体框架,注重资源整合共享,保证信息有效衔

接、功能协同融合，支持今后的扩充和升级，便于复用并与相关系统共享融合，提高资源共享水平和使用效率。

3.2 设计思路

遵循数字孪生流域建设要求，充分利用永定河现有水利信息化基础设施，考虑系统建设的实用性和经济性、先进性和成熟性、稳定性和可扩展性、安全性和保密性，遵照国家和水利部关于信息化建设在安全可控方面的相关要求，进行数字孪生永定河总体架构设计。

以数字孪生平台为核心，夯实算据基础，通过数字孪生平台统筹融合各类数据资源，对永定河流域、水利工程、水利治理管理对象、影响区域等物理流域进行数字映射；优化算法水平，利用模型平台和知识平台实现智慧模拟、仿真推演，实现物理流域全要素和水利治理管理全过程在数字流域的模拟仿真。

以业务应用为出发点和落脚点，强化预报、预警、预演、预案能力，围绕永定河综合治理目标，以水资源管理与调配和防洪业务为重点，兼顾流域管理工作重点和永定河流域公司业务需求，充分利用数字孪生平台提供的数据资源、计算工具、模拟仿真场景等，部署多个面向不同用户需求的微服务，实现风险提前发现、预警提前发布、方案提前制定、措施提前实施，确保水利决策精准安全有效，切实促进永定河综合管理模式创新和水治理能力提升。

3.3 系统框架

项目整体采用分层设计，支持前后端分离，应用之间松耦合。前端单页化、后端微服务化、组件化、接口化，能够支撑用户多级组织的统一部署、统一管理和应用的统一分发，且项目支持迭代开发(图 3-1)。

1. 数据底板

完善数据资源：在现有数据资源基础上收集整理基础数据、监测数据、业务管理数据、跨行业共享数据、地理空间数据等，并进行数据资源规划和数据库建设。构建数字化场景，共享水利部 L1 级数据底板；建设 L2、L3 级数据底板。

建立水利对象自身属性、业务特征及相关关系的数据模型，建立基于水网的空间数据模型。建设数据汇聚、数据治理、数据分析、数据服务等内容，创建数据资源目录和数据资产管理服务，构建覆盖水利数据全生命周期的智能化运营平台。

进行数据引擎建设，通过搭建数据管理平台，提供数据集成、数据治理、数据

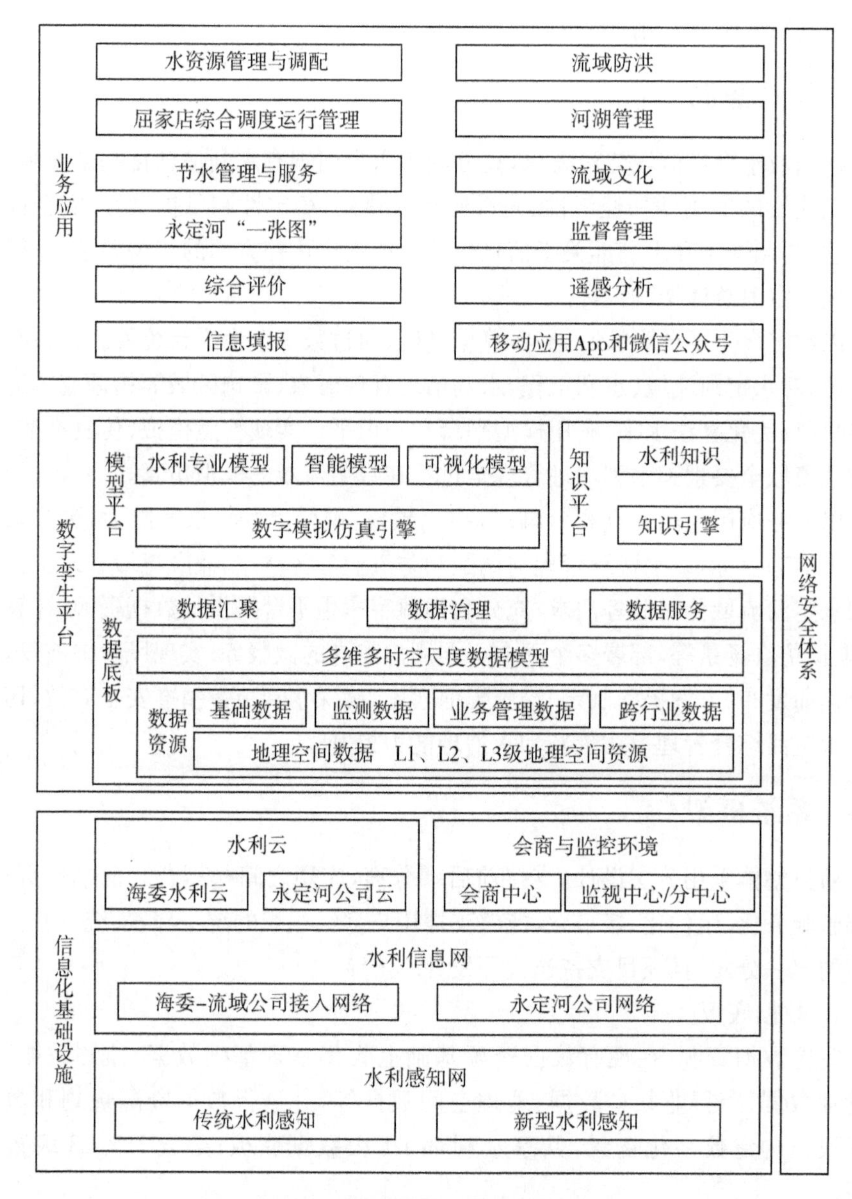

图 3-1 数字孪生永定河系统架构图

资产管理、数据目录建设、数据服务开发、数据可视化等能力，实现对永定河流域数据资源的汇聚、治理、分析与共享，为孪生业务应用提供全栈式、一体化的数据支撑。

2. 模型平台

升级完善水利专业模型：结合永定河全线通水的业务需求，通过对已建模型进行升级改造或新建，形成支撑永定河流域防洪及水资源业务的4大类8子类水利专业模型体系，使其能够纳入模拟仿真引擎进行模型管理，支持场景配置，支持统一服务接口的仿真模拟。

搭建可视化模型：建设自然背景、流场动态、水利工程、水利机电设备、“四预”过程5大类可视化模型，实现业务数据和三维数字场景的融合，形成虚实结合、孪生互动的永定河流域数字孪生体，支撑流域水资源管理与调配、防洪两大重点业务的“四预”功能。

搭建数字模拟仿真引擎：提供模型管理、场景配置、仿真设计等功能，对不同类型的数据、模型进行有效组织，使多维度、动态更新的数据能与水利专业模型、可视化模型进行挂钩嵌套，驱动各类模型协同高效运转，拓展提升模型算力，使决策者能从虚拟世界中直观感受到外界发生的变化，实现数字孪生流域与物理流域同步仿真运行。

3. 知识平台

通过对流域涉水知识的数字化采集、管理组织与综合应用，推进预报调度等“四预”过程一体化，支撑物理流域与数字孪生流域交互同步，提高流域监管与调度决策的科学性，实现各类水利业务流转的自动化与智能化。建设内容包括水利知识库和知识引擎建设，形成对水利知识的统一管理，为数字孪生平台数据和模型调用提供智能内核。

4. 智能业务应用

基于永定河水资源监控与调度系统和永定河防洪调度系统现有成果，优化扩展建设永定河水资源管理与调配和防洪“四预”数字化场景，细化水资源监控和生态水量调度业务功能，新增水资源管理与调配中的水资源监管、水资源保护等业务功能，完善流域防洪业务应用，同时新建工程建设与运行管理、企业运营管理、河湖管理、节水管理与服务、流域水文化等业务应用，构建永定河一张图展示平台，完善业务门户，提供精准化管理决策工具。

3.4 系统功能

系统主要提供数字场景、模拟仿真、管理决策支持等功能。

1. 数字场景

以永定河自然地理、河流水系、水利工程、资源环境、综合治理项目、监测监视信息为主要内容，对物理流域进行全要素数字化映射，实现物理流域与数字流域之间的信息交互和融合，为流域治理管理提供数据支持。

2. 模拟仿真

围绕生态水量调度、防洪调度业务需求，利用水利专业模型实现调度方案的模拟预演，提升调度决策能力。利用可视化模型，实现自然背景、流场动态、水利工程、“四预”过程等仿真可视化呈现。

3. 管理决策支持

基于数据资源整合应用，结合水利专业模型、可视化模型提供的模拟仿真工具，实现水资源管理与调配“四预”功能，并为水旱灾害防御、工程建设与运行管理、企业运营管理、河湖管理、节水管理和服务等业务提供数据支持、管理工具和决策依据。

3.5 开发流程

项目整体采用分层设计，支持前后端分离，应用之间松耦合。前端单页化、后端微服务化、组件化、接口化，能够支撑用户多级组织的统一部署、统一管理和应用的统一分发，且项目支持迭代开发（图 3-2）。

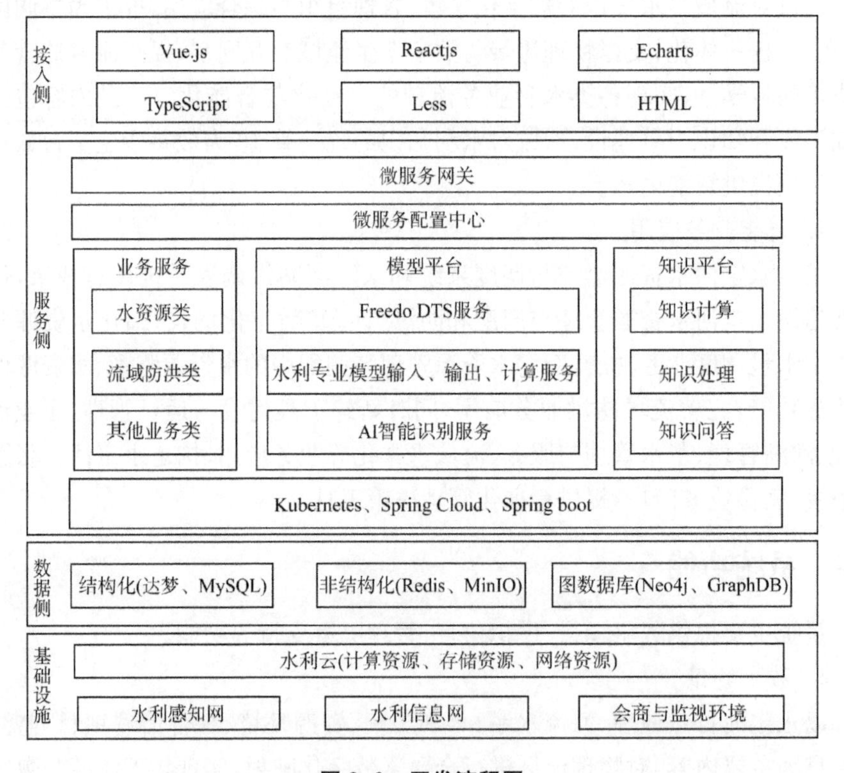

图 3-2 开发流程图

3.5.1 数据底板

在数据汇集方面，使用实时同步、数据抽取、日志采集、数据接口等技术手段实现数据的接入；在数据存储方面，使用关系型数据库、非关系型数据库、对象存储等形式实现结构化、半结构化、非结构化数据的存储管理；在数据管理方面，使用ETL提供的清洗、关联、标识、融合等技术并结合数据标准与质量稽查等手段，实现数据的持续管理；在数据服务方面，使用API接口模式和文件模式进行数据服务的发布。

3.5.2 模型平台

水利专业模型库管理从功能结构上分为数据管理、模型管理和模型计算引擎三部分。数据管理为模型提供数据服务，支撑模型的运行计算；模型管理提供水利专业模型的通用算法支持，实现模型的动态化管控和静态化配置；模型计算引擎基于特定水利对象进行通用模型的挂接与组装，为对象提供特定业务的专业模型计算服务。

可视化引擎采用Freedo DTS进行构建，针对需要可视化的数据（包括矢量、栅格、激光点云、倾斜摄影、BIM、手工模型等）基于服务器端进行实时渲染，将渲染画面通过视频串流的方式实时传输到客户端供用户使用，达到三维呈现的高质量、高性能要求。用户在终端的操作也可实时反馈至服务端，达到无插件、跨平台、跨浏览器的易用高效一致体验。

智能识别引擎采用成熟的AI云服务，根据业务场景定制视频智能识别模型，利用本项目采集的高清视频实时监控数据，实现对水尺水位、水面漂浮物、突发环境事件风险源、施工现场安全帽等各类目标对象的智能识别。

3.5.3 知识平台

知识平台基于分布式应用与微服务架构实施，知识图谱本体层采用手工构建，实例层采取自动化抽取构建；知识数据基于图数据库（Neo4j）、关系型数据库（MySQL、达梦）、分布式对象存储系统（MinIO）相结合的方式进行存储；面向上层应用的知识计算、标准服务、知识处理、自然语言解析等服务，按照微服务进行发布，通过服务中心进行统一管理。

3.5.4 业务应用

业务应用的建设采用微服务架构实施，使用前后端分离的方式进行，后端服务采用RESTful形式或Webservice方式提供，返回的数据以json或xml格式进行组织，服务的调用携带服务端签发的Token，保证数据安全；业务应用展现层的开发将选择浏览器兼容性较强的Javascript库（Vue.js、Bootstrap、Echarts等）进行，并配合响应式布局与定制组件，快速构建界面展现形式，同时满足业务应用变化及技术更迭要求。

3.5.5 系统集成

系统集成主要涉及数据底板与平台和业务应用间、模型平台与业务应用、知识平台与业务应用以及本项目与外部系统的集成。

1. 数据底板与平台和业务应用的集成

数据底板层与模型平台、知识平台以及业务应用的集成，根据数据应用类别划分为事务型和分析型，针对事务型的集成通过访问核心层数据库进行，针对分析型的集成通过访问主题层数据库进行。

2. 模型平台与业务应用的集成

水利专业模型与业务应用的集成，将按照《水利部数字孪生平台水利专业模型封装技术要求（试行）》要求将各类模型集成至模型平台，再由平台将模型的参数、输入、输出、运行计算以统一服务接口的形式对业务应用开放；可视化模型与业务应用的集成，通过可视化模拟仿真引擎实现，业务应用采用客户端渲染、服务器端渲染或组合方式调用可视化模型。

3. 知识平台与业务应用的集成

知识平台与业务应用的集成，将知识计算、知识处理、自然语言解析等，以微服务的方式注册发布，前端业务应用可调用其中一个或者组合多个服务实现业务功能，满足应用场景需求。

4. 与外部系统的集成

为保证各系统在逻辑上耦合成一个整体，与外部系统的集成主要采用服务方式进行数据交互，所集成的系统通过RESTful形式提供服务，业务应用通过网关层提供的接口完成服务层的请求与分发。

3.6 系统部署

在海委和永定河流域公司分别建设水利云，数字孪生平台和业务应用根据海委和永定河流域公司业务管理内容，将相应的平台和应用分别部署于海委和永定河流域公司基础设施云，供海委用户、永定河流域公司用户分别登录使用系统。通过数据交换服务实现海委、永定河流域公司数字孪生平台之间

的数据交换。项目建设的网络、会商等基础设施，分别部署于海委、永定河流域总公司和分公司，通过专线实现海委与永定河流域总公司、分公司之间的网络连接。

新建水利感知网的各类监测站点部署于现地，通过 GPRS/3G/4G 等方式将数据传输至部署于永定河流域公司的数据接收平台。新布设的监测断面以人工采样分析、化验检测的方式开展监测，将监测结果填报录入系统。

4

基于多源多尺度数据的永定河数据底板构建

根据《数字孪生流域建设技术大纲(试行)》技术要求及先行先试方案建设要求,数据底板主要建设数据资源池、数据模型以及数据引擎三部分内容。

(1) 数据资源池

数据资源池建设主要是面向基础数据、监测数据、业务管理数据、跨行业共享数据、地理空间数据等内容,进行数据收集、处理、入库、存储结构设计及数字化场景数据购置等。

(2) 数据模型

数据模型建设主要是面向水利业务应用多目标、多层次复杂需求,构建完整描述水利对象空间特征、业务特征、关系特征和时间特征一体化组织的模型。

(3) 数据引擎

数据引擎建设主要是通过搭建流域数据资源管理平台,提供数据汇集、数据治理、数据资产管理、数据目录建设、数据服务开发、数据可视化等能力,实现数据全生命周期的智能化一站式开发运营管理,实现对流域水利数据的汇聚、治理、分析与共享,为数字孪生永定河提供数据支撑。

4.1 总体结构

数据底板总体结构自下而上分为数据资源层、数据汇集层、数据治理层、数据存储层、数据服务层以及数据资源管理平台。结构如图 4-1 所示。

数据资源层:将流域现有的基础数据、监测数据、业务数据、空间数据进行梳理,并重点补充流域防洪、工程建设与运行管理、水文化、河湖管理及节水管理相关数据资源,对 L1、L2、L3 级数据进行精度提升和范围扩展。

数据汇集层:通过实时汇集、离线汇集、互联网抓取以及文件入库等汇集手段,实现流域水利相关业务数据的全域接入。

数据治理层:通过数据清洗、关联、融合等治理手段对数据资源进行规范化处理,进一步提升数据资产的价值,提高数据分析与应用的效率。

数据存储层:将汇集的各类数据以结构化、非结构化方式进行存储管理,同时构建水利对象模型、业务模型和维度模型,满足业务应用多目标、多层次复杂的数据需求。

数据服务层:构建统一便捷的数据服务,以 API 接口形式和文件服务形式对外提供数据资源目录服务、数据资产服务、数据共享交换服务及地理空间服务。

数据资源管理平台:提供数据汇集、数据治理、数据资产管理、数据目录建

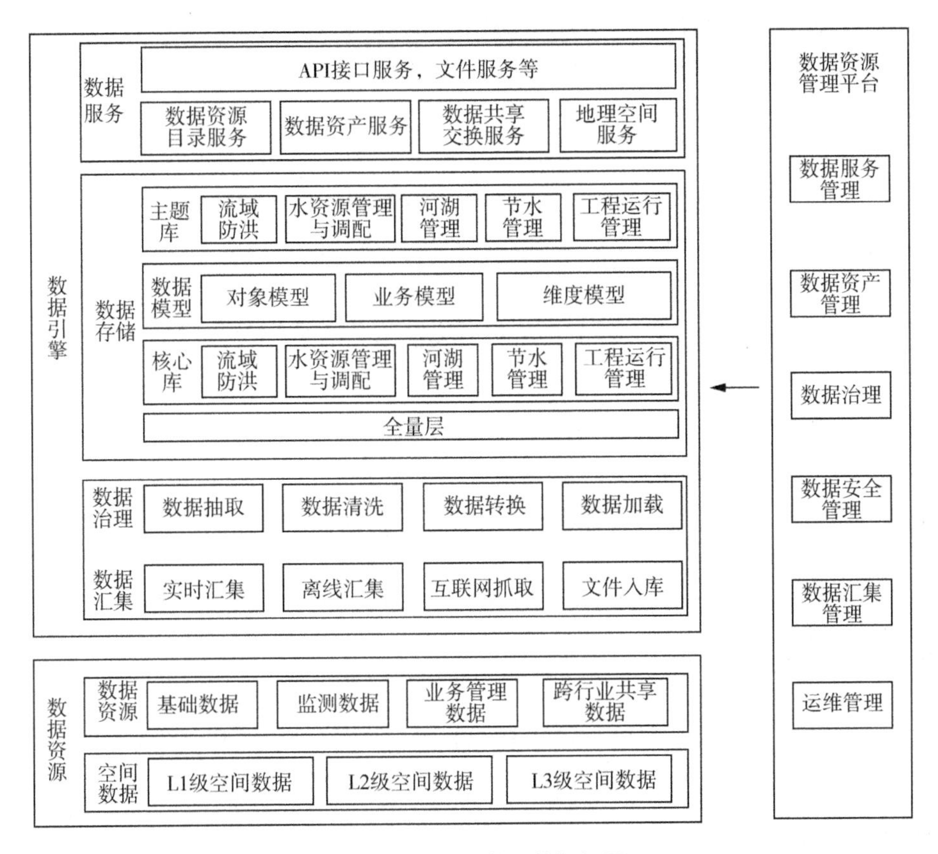

图 4-1　数据底板总体框架图

设、数据服务开发、数据可视化等能力，实现数据全生命周期的智能化一站式开发运营管理，实现对流域水利数据的汇聚、治理、分析与共享。

4.2　数据资源

在现有数据资源基础上建设流域防洪、水资源管理与调配、企业运营管理、工程建设与运行管理、河湖管理及节水管理相关数据资源，建设 L1、L2、L3 级数据，并对业务相关的基础地理数据、水利空间数据、水文化数据及模型数据进行收集购置，在此基础上根据业务职能，梳理业务流程和工作，分析数据需求。按照统筹规划、资源整合的原则，进行数据资源池总体设计，形成数据库存储方案。

4.2.1　流域数据需求分析

所需的数据资源主要包括基础数据、监测数据、业务管理数据、跨行业共享数据、地理空间数据等内容。数据来源主要包括接入新建站网数据及新建业务管理数据，同步已建数据库相关数据，共享水利部地理空间数据建设成果，集成其他项目数据建设成果等方式。

1. 基础数据

基础数据包括基础地理空间类、水利空间类、水利基础类、基础水文类、社会经济类等方面。基础数据主要用于掌握流域及流域内重要水利工程、测站基本情况、水文变化、经济社会变化基本情况，另一方面用于构建模型和支撑业务。

此外，本项目基础地理数据和水利对象的空间数据以共享获取或收集公开数据的形式补充建设，其中基础地理信息数据从测绘部门获取基础地理数据，水利空间数据建设包括流域、河流、湖泊、水库、水库大坝、灌区、水闸、泵站、涵洞、塘坝、蓄滞洪区、堤防、治河工程、橡胶坝等，它通过安全的空间数据服务获取。空间数据的平面精度与天地图或水利“一张图”精度相匹配。

2. 监测数据

监测数据主要包括水情、雨情、工情、水质、地下水位、取用水、水利工程安全运行监测数据、视频等。

3. 业务管理数据

业务管理数据主要指“2＋N”水利业务应用相关的数据，包括水资源管理与调配、流域防洪、工程建设与运行管理、企业运营管理、河湖管理、节水管理与服务、流域水文化等业务数据。

水资源管理与调配、流域防洪、工程建设与运行管理、企业运营管理、河湖管理、节水管理与服务等业务管理数据来源主要有永定河水资源监控与调度系统、海委统一数据库、永定河流域公司工程建设管理系统、海委下游局及下属单位。永定河水资源监控与调度系统建设项目对水资源管理与调配等业务数据进行了收集整理入库，包括水资源公报数据、用水数据、面源污染数据、灌区台账数据、河长制数据、生态水量调度管理数据、《总体方案》工程项目数据等。本项目将在现有业务数据资源的基础上，通过同步相关业务系统数据库、数据收集调研、数据共享交换等方式重点获取各类业务数据。

流域水文化数据包括与水文化相关的自然条件、社会经济、水生态环境、水利基础设施、洪涝灾害、治水历史等纸质、图片、音像等各类型、载体基础数据、业务档案、资料、信息，数据来源主要有地方水行政主管部门、地方档案行政主管部门、研究机构、资源持有个人、公开信息等，可通过收集、征集、征购、调查等方式获取。将收集得到的基础资料进行鉴定、分类，对结构化、非结构化、流媒体等类型的数据进行整编，并按照专题档案整理有关要求进行去钉、平整、抢救、修补、

排序、组卷、编目、装订、装盒等整编工作，形成永定河水文化专题档案及基础资料汇编并入库。

4. 跨行业共享数据

跨行业共享数据主要包括国家统计局、中国气象局等相关部门共享的数据。永定河水资源监控与调度系统建设项目对流域内社会经济数据、气象数据进行了收集整理入库，本项目将在现有数据资源的基础上，通过网络下载、文件采集的方式汇集相关公开数据资源，包括气象、互联网舆情等跨行业数据。

5. 地理空间数据

地理空间数据是数据底板建设的重点，主要包括 DOM 、DEM 、倾斜摄影影像/激光点云数据、水下地形、BIM 等数据。按照数据精度和建设范围分为 L1、L2、L3 三级。

L1 级主要是进行数字孪生流域中低精度面上建模，由水利部本级负责建设，主要包括高分卫星遥感影像、数字高程模型以及局部区域测图卫星 DEM 等数据。本项目将通过调用接口服务的方式接收水利部 L1 级 DEM、DOM 数据。

L2 级是在 L1 级基础上进行数字孪生流域重点区域精细建模，由流域管理机构及省级水利部门结合数字孪生水利工程负责建设，主要包括无人机等航空遥感影像、大江大河及主要支流中下游航空倾斜摄影数据、大江大河中下游水下地形、高精度 DEM 数据以及河湖管理范围和水土保持重点对象精细化专题等数据。建设流域的数字高程模型、高分卫星遥感影像，永定河泛区的 DEM 及 DOM，洋河、桑干河、永定河、永定新河重点河段的 DEM、DOM 及水下地形，永定河官厅—永定新河入海口河段的倾斜摄影，永定河流域 DOM，海河流域 DEM，永定河泛区等滞洪区的倾斜摄影，重要水利工程实景模型，制作平面精度与天地图一致的水利专题图。

L3 级数据底板在 L1、L2 级数据底板的基础上进行数字孪生流域关键局部实体场景建模，重点覆盖重要水利工程坝区、库区及其下游影响区域，主要包括水利工程设计图和工程区域的无人机倾斜摄影、建筑设施及机电设备的 BIM 数据、工程区域的水下地形等数据。经 L3 级数据底板反馈，可建设官厅水库、册田水库、三家店闸、卢沟桥枢纽、屈家店枢纽、永定新河防潮闸 BIM 模型(LOD2. 0)及官厅水库水下地形，屈家店枢纽(北运河节制闸、新引河进洪闸、永定新河进洪闸)LOD3. 0 等级 BIM 模型。

4.2.2 属性数据收集购置

为保证基础地理数据、水利空间数据、水文化数据及建模数据 4 类属性数据的完整性、系统性、精确性，本次建设采用公开收集或购置的方式获取数据。其中，基础地理信息数据从测绘部门获取基础地理数据，水利空间数据通过购置空间数据服务获取，空间数据的平面精度与天地图或水利“一张图”精度相匹配。水文化数据及建模数据通过收集公开数据、整编系统已有数据获取。

1. 基础地理数据

基础地理数据主要从测绘部门获取基础地理数据，并进行电子地图加工。

1）数据范围及内容

数据范围为永定河流域，数据内容包括流域内行政信息[国家、省市、区县、乡镇、自然村多级行政界线(面)、居民地等]、道路交通(一级道路、二级道路、三级道路等)、水系(单线河、湖泊水库、双线河等)、绿地、兴趣点(市区单位点、郊区单位点、行政单位、公共服务、社会团体、医疗卫生、科研教育、邮政电信、交通服务、金融机构、工商企业、餐饮酒楼等)及项目实际需求专业(行业)信息。

2）定位参考系

本次数据服务采用 CGCS2000 大地坐标、1985 国家高程基准。

3）分幅编号及空间单元

分幅编号及空间单元执行《国家基本比例尺地形图分幅和编号》(GB/T 13989—2012)，为便于检查、验收，图幅分幅范围与原图保持一致。最终数据产品将根据实际需求范围进行图幅合并和接边，提供完整数据。

4）信息来源

(1) 行政区数据来源及处理方法

以基础矢量数据为源数据，根据最新依据，对源数据进行编辑更新操作，完成行政区划数据的更新，主要包括行政区划新设、撤销、合并、更名(代码变更)以及重新划分边界等情况。数据来源如下：

①永定河流域基础矢量数据库——行政区划部分内容；

②中华人民共和国民政部行政区划变更公告；

③永定河流域各级地方政府行政区划变更相关文件；

④《中华人民共和国行政区划代码》(GB/T 2260—2007)。

(2) 道路交通数据来源及处理方法

以基础矢量数据为源数据，根据最新依据，对源数据进行编辑更新操作，完成道路交通数据的更新，主要包括新增道路、改扩建道路、新增铁路、改建铁路、废弃铁路、公路道路附属设施等。数据来源如下：

①永定河流域基础矢量数据库——道路交通部分的内容；

②永定河流域范围高分辨率卫星影像；

③国家公路网规划(2013—2030 年);

④中长期铁路网规划(2016—2030 年);

(3) 水系数据来源及处理方法

以基础矢量数据为源数据,根据最新依据,对源数据进行编辑更新操作,完成水系数据的更新。主要包括:新增水库及附属、河流、水渠、人工湖泊,以及已存在湖泊、河流、水渠形状的调整修改等。数据来源如下:

①永定河流域基础矢量数据库——水系部分内容;

②永定河流域范围高分辨率卫星影像。

(4) 绿地、功能面等面状区域数据来源及处理方法

以基础矢量数据为源数据,根据最新卫星影像,对源数据进行编辑更新操作,完成绿地功能面数据的更新。主要包括:城市公园、绿地、林地、交通绿化区域、城市功能区域等面状对象的添加、删除、形状调整等,并根据内容类型,修改相关的分类属性。数据来源如下:

①永定河流域基础矢量数据库——绿地功能区域部分内容;

②永定河流域范围高分辨率卫星影像;

③《基础地理信息要素分类与代码》(GB/T 13923—2022)。

(5) 兴趣点数据处理

流域兴趣点位数据库更新内容来自各种经济、市场统计数据和调研数据内容,对数据内容进行筛选、核对、完善后,通过位置描述信息和地址等信息,定位到地图,获取空间位置坐标,根据其相关属性划分分类,主要分类包括:交通运输仓储、金融保险、教育文化、卫生社保、批发零售、公司企业、公用设施等。数据来源如下:

①全国基础矢量数据库——兴趣点数据库流域部分;

②流域兴趣点位数据库更新;

③《基础地理信息要素分类与代码》(GB/T 13923—2022)。

2. 水利空间数据

水利空间数据建设包括流域、河流、湖泊、水库、水库大坝、灌区、水闸、泵站、涵洞、塘坝、蓄滞洪区、堤防、治河工程、橡胶坝等,通过购置平面精度与天地图相一致的永定河流域空间数据服务获取。

3. 水文化数据

1) 数据范围及内容

数据类型包括流域环境、水利治理、水与文明等信息。数据格式涵盖图片、文字、数据、表格、视频等文件。

数据内容以水利部《"十四五"水文化建设规划》为指导,以流域水文化历史

发展及当今成就为脉络，以流域内水文环境、水利设施、水文化遗迹为引线，对永定河流域水文化进行全景式、沉浸式展现。

流域环境数据包括永定河流域的地理概况、水系变迁、气候演变、植被情况、土地利用等信息。内容包括流域地理位置、地形地貌、自然资源，不同时期的河道变迁、植被情况、土地利用、气温变化、降水变化、河流径流量、蒸散发变化。

水利治理数据展现永定河流域自古至今的治理历史、重点水利工程、水文化遗址。内容包括永定河水系的历史灾情和历代治理、治水机构历史演变、水利相关遗址、重点水利工程，尤其突出体现近年来永定河流域生态恢复的成果。

水与文明数据展现永定河流域文化全景。内容包括永定河流域对华夏文明起源和中华民族形成的重要贡献，流域内自然风景名胜和人文遗产，水文化相关文学艺术和民间文化，流域社会经济、生态文明、红色文化，着重讲好中国故事水利篇。

2）数据来源

水文化相关的数据可采用以下方式进行采集：①征订、零购。可通过文献征订目录订购公开出版发行的文献；通过互联网了解非邮发的内部交流地方刊物出版发行的动态，并及时订购。②建立征集网络。向分散在各地水行政主管部门、文物部门、史志办、宣传部门、图书馆、档案馆、文体广电局、博物馆、政协文史委等部门及社会人士征集非正式出版的内部资料、各种文献汇编资料及视频资料。③网上下载。通过搜索引擎或者网上信息采集工具等搜集互联网上的水文化信息。可利用现成的大型数据库如中国学术期刊全文数据库、维普全文数据库、万方数据库等检索有关专题，对其中有关永定河流域的水论文进行提取和整合。④析出复制。对收录在大型丛书、文集、报刊等文献中水文化数据，可通过复印、扫描、摘抄、剪辑、复制等手段进行搜集。

3）加工及技术处理

数据信息收集后，须进行整理加工和技术处理，对有价值、有特色的信息挑进行技术加工，转换为数字化信息资源，并进行分类组织存放，以满足不同层次的检索需要。

（1）数据转换：对纸质文献资源的技术处理，可采用数据库创建软件，通过扫描将纸质文档变成图像并存放到计算机里，借助 OCR 识别系统转换成电子文本，将大量的地方文献数字化。音像资料可通过专用设备和相应软件转换成统一的音像格式文件。对于图片、书籍、歌谱等形式的资料文献，可将其扫描后以图像存贮方式作为原版显示，并录入必要的检索标引字段，作为建库的知识点，从而高质高效地完成各种载体文献信息的数字化处理。

(2) 数据标引:在数据库建设中,各种文件都要一组用于描述内容属性的元数据进行标引,这是信息存储、交换、处理和检索的基础。数据标引决定数据库的检索效率,并直接影响数据库的质量。在数据库标引中,按照规定的书目信息、网络资源信息、图像信息和全文信息等元数据规范处理。确定每一课题的重要主题词、链接字段、组配检索策略,扩大检索面,提高查准率。

(3) 数据审校:加工后的各种数据文件要进行质量检查,以减少数据转换中的失误,保证每一条记录的准确和完整,可采用人工审校和机器审校两种方式配合进行。

(4) 分类存储:数字资源加工完成后,要将各种数字化文件分类存储,并严格做好数据备份工作,以免因为数据丢失造成损失。

(5) 内容发布:搭建特色数据库创建、发布和管理的平台,实现对数字资源的加工、管理和内容发布。

4. 建模数据

建模数据主要包括不同时间尺度径流滚动修正预报模型、河湖水系统全过程水动力学模型、河道输水水量损失评价模型、基于模拟优化框架的生态水量调度模型、考虑取用水过程的地表-地下水耦合模拟模型涉及的地理空间数据、水文、气象、取用水等数据。

4.2.3　空间数据收集与美化

1. 空间数据收集

根据《数字孪生流域建设技术大纲(试行)》的要求,本项目需要收集基础数据、监测数据、业务管理数据、空间数据、跨行业数据等。

2. 空间数据治理

空间数据治理主要包括对遥感影像数据、倾斜摄影模型数据以及 BIM 模型的治理,实现对多源数据的统一管理,实现一键式导入导出多源数据,这既满足永定河流域及周边全景展示及业务应用使用,并实现基础地理、水利基础、社会经济、监测要素、水利业务等数据融合上图。

3. 模型数据美化

模型数据美化包括建筑外观效果美化、水利工程内部结构效果美化、特殊场景美化等。

4.2.4　数据库完善

数据库完善任务重点是在一期的基础上,补充完善数据存储的总体设计,并根据业务应用需要，补充建设核心层涉及的各类数据库，以便更好地支撑数据治理与数据共享应用。

数据库用于统一存储和管理区域内的基础数据、监测数据、业务数据、元数据、空间数据等，根据总体规划，数据库由全量层、核心层和主题层组成。全量层的设计遵循保持原数据的业务属性、数据表结构基本一致的原则，主要用于保存由各数据来源汇集而来的原始数据，形成业务数据调用和数据治理的基础；核心层主要完善基础数据库、监测数据库、业务数据库、空间数据库及元数据库；主题层基于核心层和业务需求进行构建，为各业务应用提供便捷化数据服务。

4.3 数据模型

本项目共涉及水资源管理与调配、流域防洪、工程建设与运行管理、企业运营管理、河湖管理、节水管理与服务、流域水文化等水利业务，数据模型建设主要面向业务涉及的水利对象、应用场景、决策分析等场景。建模过程将严格依照国家制定的各类标准，保证信息存储及交换的一致性与唯一性，以便信息资源的高度共享。

数据模型是数据特征的抽象，它从抽象层次上描述了系统的静态特征、动态行为和约束条件，为数据库系统的信息表示与操作提供一个抽象的框架。本次重点围绕对象模型、业务模型、维度模型进行构建。

4.3.1 对象模型

对象模型的构建重点是梳理各水利对象间的逻辑关系，涉及依赖关系、相关关系以及空间关系，同时实现各水利对象的基本属性、监测属性以及空间属性的挂载。

1. 依赖关系

对象与对象间一般会存在依赖关系，即对象间的所属、隶属、附属的关系。这种关系比较强烈，因为如果关系一旦丧失，对象间就无法建立关联，因此，这种关系是一种强关联关系。如：某大坝属于某水库，某水库属于某个或某些行政区划。

2. 相关关系

对象间相关关系，指的是对象间可以存在某种关系，但不以这种关系的存在而影响自身的存在，因此，这种关系是一种弱关联关系。主要包括：对象与对象间的关系，如水库对象与公文对象的关系，水库对象与档案对象的关系。

3. 空间关系

空间关系分为有空间属性和无空间属性两类。有空间属性的对象与其他对象空间属性的关系，如水库库区有哪些排污口。无空间属性的对象有时也可通过相关关系间接建立空间关系，如“关于某水库除险加固初步设计报告的批复文件”这个公文对象就可以借助相关水库的空间属性挂接在空间要素上。

4.3.2　业务模型

业务模型的构建重点是梳理“2＋N”业务需求，以自上而下的方式从用户需求观点进行设计，着重分析主题所涉及数据的多维特性，设计时具体分 4 个阶段，即分析业务场景、指标实体筛选、将星形图扩展为雪花图、完成物理建模。

1. 分析业务场景

采用自顶向下的方法对业务数据的多维特性进行分析，用信息打包图表示维度和类别之间的传递和映射关系，建立概念模型。

2. 指标实体筛选

对大量的指标实体数据进行筛选，提取出可利用的中心指标。

3. 星形图扩展为雪花图

在信息打包图的基础上构造星形图，对其中的详细类别实体进行分析，进一步扩展为雪花图，建立逻辑模型。

4. 完成物理建模

在星形图和雪花图的基础上，根据所定义数据标准，通过对实体、键标、非键标、数据容量、更新频率和实体特征进行定义，完成物理数据模型的设计。

4.3.3　维度模型

维度建模的核心是面向数据分析场景，重点关注快速、灵活的解决分析需求，同时能够提供大规模数据的快速响应性能。在构建过程中分 4 个主要阶段，即获取关键性能度量、声明粒度、确认维度、确认事实。

1. 获取关键性能度量

选择业务过程，获取关键性能度量。业务过程通常表示的是业务执行的活动，与之相关的维度描述和每个业务过程事件关联的描述性环境。

2. 声明粒度

粒度传递的是与事实表度量有关的细节级别数据，精确定义某个事实表的每一行表示什么。

3. 确认维度

确认维度，维度表示承担每个度量环境中所有可能的单值描述符。

4. 确认事实

确认事实，不同粒度的事实必须放在不同的事实表中，事实表通过外键关联与之相关的维度，查询操作主要是基于事实表开展计算和聚合。

4.4 数据引擎

数据引擎是保证数据质量、激发数据活力、扩展数据服务的重要驱动，通过搭建数据管理平台，提供数据汇聚、数据治理、数据资产管理、数据目录建设、数据服务开发、数据可视化等能力，实现对永定河流域数据资源的汇聚、治理、分析与共享，为孪生业务应用提供全栈式、一体化的数据支撑。

4.4.1 数据汇聚

根据本项目应用和管理需要，对各级已有和新建的基础数据、监测数据、业务管理数据以及互联网和其他行业等数据资源进行统一采集汇聚，实现多源异构数据的实时汇集和离线汇集，并进行标准化存储。

4.4.1.1 汇聚内容

通过业务数据汇集、物联感知数据汇集、视频数据汇集、遥感数据汇集等功能，实现水利部、海委、永定河流域公司、生态环境部门等单位的监测数据、视频数据、遥感数据、业务数据的汇集。按数据来源不同，其可划分为海委数据、水利部数据、新建测站数据、外部数据、填报数据、互联网舆情等。

1. 海委数据汇集

海委数据汇集主要指来自海委统一数据库的数据信息。目前，海委统一数据库已基本实现了流域内相关业务数据的汇集，包括基础数据、监测数据、业务管理数据、跨行业共享数据及地理空间数据。

本系统获取来自海委统一数据库数据的具体流程包含两部分：对于空间数据、基础数据及业务数据等数据更新频次低的数据采用一次性全量迁移及定期增量抽取的方式；对于监测数据采用实时同步的方式。

2. 水利部流域相关数据信息

围绕永定河流域公司“2＋N”业务体系建设需求，汇集共享水利部流域相关数据，数据包括水利基础测站信息及水利监测数据成果信息等。

系统获取来自水利部相关的数据具体流程为：数据从现有数据源，利用数据

交换服务将数据导入水利部隔离区(DMZ 区)前置机数据库,采用离线抽取及实时同步等多种方式实现数据汇聚。

3. 新建测站数据

本期新建测站监测数据遵循数据传输规约要求,通过物联网接收平台,利用数据汇聚平台的数据采集工具,将数据导入本系统数据库。

汇集已建及新建的视频站监控数据,构建永定河流域公司与项目部、分公司、总公司及海委的视频级联集控平台,视频监视设备将视频存储至本地,定时上传图片至平台,利用数据采集工具,将图片导入本系统数据库。初步实现流域内水利视频联网,并与现有水利视频会议系统互联互通,支持多级应用。

4. 外部共享数据

通过流域信息资源管理平台,获取其他业务相关部门共享的数据资源,外部共享数据主要为气象部门相关数据及互联网舆情数据,本期建设主要通过网络下载、文件采集的方式汇集相关公开数据资源。

5. 页面填报数据

由各管理部门掌握、以纸质或电子文档等形式存储、未进入数据库的数据,利用业务系统信息填报功能,采用页面填报方式,将数据集成至本系统数据库。

6. 视频数据汇集

本期建设将汇集已建及新建的视频站监控数据,构建永定河流域公司三级机构与海委的视频数据资源池。双方视频监视设备将视频存储至本地,定时上传图片至各自视频接收管理平台,利用数据交换共享平台进行流域内视频数据实时共享交换。

7. 遥感数据汇集

充分利用国家、水利部遥感数据资源中心提供的遥感影像资源和产品服务,在此基础上汇集公司自行采购的卫星遥感影像、数字正射影像图及解译处理成果等,支撑永定河流域公司业务决策的数字化场景需求及感知监测需求,实现永定河流域公司及流域内各级水管单位的遥感数据与产品服务共享。

4.4.1.2 汇聚实现

各类基础数据、监测数据、业务数据的汇聚主要通过实时汇集手段、离线汇集手段和网格抓取手段实现。

1. 实时汇集

利用实时同步手段,将目前已建业务系统的各数据库实时信息,通过事务日志结合消息队列,捕捉源端数据变化,同时将队列中的事务日志传输并应用至数据资源池的全量层。即源端数据发生变化后，目的端的数据也将实时发生改变。适用于实时雨水情监测数据、水质监测数据、地下水监测数据、水生态监测数据、取用水监测数据以及工情监测数据的汇集。

2. 离线汇集

采用数据仓库技术(ETL)工具，将已建业务系统的数据库以全量或增量的方式进行汇集，支持结构化数据汇聚和非结构化数据汇聚。结构化数据汇聚提供对于结构化数据到各个数据层的数据处理过程，同时实现数据的实时采集、开发处理过程的管理。非结构化数据汇聚支持对非结构化数据(包括各种文件类型)的采集和处理，可以对需要处理的文件数据进行过滤，并生成周期性的非结构化数据处理任务。

该方式适用于社会经济数据等基础数据及水资源管理、流域防洪、工程建设与运行管理、企业运营管理、河湖管理、节水管理与服务、流域水文化等业务数据。

3. 网络抓取

基于互联网接口和网络爬虫，将各类新闻媒体网站、微信、微博、论坛等新媒体获取的与水利相关的灾害信息、人员动态信息、社会舆情、网络热词等信息，接入数据资源池。

通过定义采集字段对网页中的文本信息、图片信息等进行爬取，通过可扩展的方法将所有提取和解析的数据存储在数据资源池的全量层中。

4.4.2 数据治理

通过数据治理，对汇集的数据资源进行统一、规范管理，依据水利数据对象标准，梳理数据对象间的逻辑关系，提升数据的规范性、可用性，避免数据冗余、重复和不一致，进一步提升数据资产的价值，提高数据分析与应用的效率。

4.4.2.1 数据治理方式

数据治理的重点是将全量层中的各业务系统分散的数据经过抽取、清洗转换之后重新加载至核心层，即将各类分散、凌乱、标准不统一的数据整合至一起，为构建业务应用、辅助决策、综合运维和公共服务提供高标准、高质量的数据服务。治理的方式主要包括数据抽取、数据清洗、数据转换、数据加载四部分。

1. 数据抽取

数据抽取主要是在数据抽取的过程中，直接对抽取的原始数据进行规范化处理。这一部分需要在调研阶段做大量的工作，首先要搞清楚数据是从几个业

务系统中来，是否存在手工数据，手工数据量有多大，是否存在非结构化的数据等等，当收集完这些信息之后才可以进行数据抽取的设计。

2. 数据清洗

数据清洗过程应该包含两个层次的含义，第一是数据过滤，将源数据按照一定的过滤规则进行区分，符合规则和不符合规则的数据分别存放到不同的数据表中；第二就是真正意义上的数据清洗，即按照清洗规则将数据源中的数据直接进行转换，并代替原来的数据。

在应用过程中，对不同来源的不符合要求的数据进行审查和校验时，可基于水利对象统一分类、命名规则和编码规范，过滤不合规数据、删除重复数据、纠正错误数据、完成格式转换，并对清洗前后的数据进行一致性检查，保证清洗结果集的质量。

不完整的数据主要是一些该有的信息缺失，如防洪工程的坐标、工程属性数据等缺失。对于这一类数据进行过滤，按缺失的内容分别写入不同 excel 文件向各主管部门提交，要求在规定时间内补全，补全后才能写入核心层。

错误的数据产生的原因是业务系统不够健全，在接收输入后没有进行判断而直接写入数据库造成的，比如数据输成全角数字字符、字符串数据后面有一个回车操作、日期格式不正确、日期越界等。这一类数据进行分类后，可根据制定的清洗规则进行替换。

3. 数据转换

数据转换可以看作是数据抽取和数据清洗过程的结合，数据源的数据按照一定的转换规则生成新的数据并存放至目的数据源中。数据转换支持数据字段之间一对多，多对一，以及多对多的映射关系。

在应用过程中，数据转换的任务主要涉及空值处理、数据标准化、数据拆分、数据验证、数据替换、数据关联等。空值处理根据捕获到的字段空值进行加载或替换为其他含义数据；数据标准包括统一元数据、统一标准字段、统一字段类型等；数据拆分主要依据核心层的业务规则运行；数据验证主要是基于时间规则、业务规则及自定义规则进行数据一致性的验证；数据替换主要是针对业务因素的需要对无效数据或缺失数据进行替换；数据关联主要是将源数据库中物理上相互独立但逻辑上相互依赖的数据进行关联，保障数据完整性。

4. 数据加载

数据加载即在目的数据源中有一张目的表，多个数据源的多张表通过一定的加载规则将结果数据加载到这张目的表中。

在应用过程中，往往是有一张表作为基准数据表，首先进行加载入库的操作，然后其他数据表通过与基准表进行比对，将相应的信息插入或更新至目的表中。

结构化数据加载按照加载类型分为全量加载和增量加载，按照加载周期分为定时加载和实时加载，按照加载频率分为执行一次和周期执行。全量加载指全表删除后再进行数据加载的方式；增量加载指目标表仅更新源表变化的数据。增量加载方式主要包括系统日志分析方式、触发器方式、时间戳方式、全表比对方式。

4.4.2.2 数据治理实现

数据治理的实现，主要从数据标准建立、数据质量核查、治理模型建立、治理任务调度及质量分析改进几个环节入手，实现对数据的多维度数据清洗与转换。

1. 数据标准建立

数据标准是保障数据内外部使用和交换的一致性和准确性的规范性约束，通常可分为基础类数据标准和指标类数据标准。基础类数据标准主要包括数据元、代码集、编码集、同义词、标准文件管理等能力，其中数据元具备自定义、引用国标、行标管理以及地方标准管理等能力。指标类数据标准包含本地标准、行业标准、国家标准和地方标准，其中本地标准是政府和企业根据实际自身业务发展而制定的适用于系统建设的标准，而行标、地标、国标则是行业、地方和国家颁布的标准，可进行标准的借鉴和参考。

数据基本标准包括标准英文名称、中文名称、所属数据目录、所属项目、存储位置、标准类型、数据类型、生效开始时间、生效结束时间、安全等级、相关实体对象、参考数据标准、责任部门、共享条件、共享方式、描述和标签等。

对于结构化数据，数据标准规范包括字段英文名称、中文名称、字段类型、长度、主键、外键、不能为空、单位、默认值、是否键值、安全等级、关联字典表/字段、值域标识字段、值域标识值、字典值等。

对于非结构化数据，数标准规范还包括文件类型（文档、图片、录音、影像、地理空间文件等）、对应文件类型的文件属性和文件描述等。

2. 数据质量核查

数据质量管理是对数据从定义、采集、存储、共享、维护、应用、消亡的每个环节里可能引发的数据质量问题，进行识别、度量、监控、预警等一系列管理活动，通过改善和提高组织的管理水平可使数据质量进一步提高。

利用建立的数据标准以及具体的规则，通过数据质量核查可掌握不同区域数据中的数据质检详情，包括每个数据表的最新错误数据问题，并支持有效的错

误数据的下载功能和历史的质检结果。同时可生成质量报告，质量报告将问题数据和质量评估模型相结合，按照唯一性、完整性、准确性、及时性、一致性等维度，展示全量、部门、系统、数据库的质量报告，提供下载查看等功能。

3. 治理模型建立

依据质量报告，有针对性地构建治理模型，完成数据问题的治理。模型建立基于 ETL 提供的组件进行开发，使用拖拽的方式设计数据流逻辑、输入、转换、输出等作业设计。

4. 治理任务调度

执行治理任务，并持续对任务执行与调度进行监控。任务组管理提供对任务的分组管理，包括编辑、删除等操作管理。任务监控提供对 ETL 任务监控信息展示，包括运行节点、任务类型、运行状态等操作管理。

5. 质量分析改进

根据数据质量核查情况，调整已建清洗任务的调度时间粒度，深度结合业务需求，建立更多维度的清洗任务，进一步提升数据质量与数据价值。

4.4.3 数据服务

4.4.3.1 “一张图”服务

永定河水资源系统建设了涵盖三维仿真影像、平面地图、概化图的 GIS+BIM 平台，可通过标准数据接口为本期业务系统建设提供服务。本项目在永定河水资源系统地图服务建设基础上，面向项目、分/子公司、总公司、海委四级机构的业务应用、综合管理需求，深度融合永定河流域公司掌握的工程项目信息、资产运营信息、生态补水信息及其他资源数据，打造满足海委及永定河流域公司数字孪生流域建设需求的永定河“一张图”。本期建设主要包括基础功能服务标准及扩展和业务专题服务等。

1. 基础功能服务标准及扩展

接入永定河流域及周边 GIS 二维数据、三维数据和 BIM 数据，并建立数据更新、数据安全管理体系。平台数据接入支持倾斜摄影模型数据、点云数据、建筑物（BIM）数据、GIS 数据、三维模型数据（MAX、倾斜影像、永定河三维数据等）、公共专题数据、物联网节点等数据的接入。

2. 业务专题扩展

集成永定河水资源系统及全国水利“一张图”（2021 版）提供的业务专题服务，并围绕永定河流域公司经营管理与业务决策需要，进一步扩展水利工程管理专题、生态补水专题、资产管理专题、视频专题。专题服务按业务管理需求及开放权限分为海委“一张图”及永定河流域公司“一张图”。

4.4.3.2 数据资源目录服务

数据资源目录体系建设，是实现数据组织、满足信息共享需求的有效途径。海委通过资源整合项目已初步建立了数据资源目录服务基础，通过数据资源目录的编制和管理，掌握海河流域数据资源现状和业务系统的建设情况。本期建设将在现有海委数据资源目录的基础上，按照数据类别、层次和关系，根据本项目水利业务和综合决策需要，对新增数据的资源进一步精细化管理，形成数据共建、共享、共用的索引，为流域内管理机构、省级水行政主管部门及永定河流域公司提供统一的目录服务，避免数据重复采集，解决地区、部门之间数据资源查询和共享困难的问题。

1. 数据资源目录编制

所有以电子和非电子方式记录和存储的非涉密水利信息资源全部纳入本次数据资源目录编制范围。数据资源目录包含监测信息资源、业务信息资源、行政工作信息资源、地理空间信息资源以及其他水利信息资源。

2. 资源目录管理

实现数据资源目录的统一管理和导航，按数据类型、数据来源、所属业务、所属部门等多种维度，提供数据目录的查询展示，并为具有管理权限的用户提供数据编目审核、数据目录发布、数据目录维护及更新等功能。

4.4.3.3 数据资产服务

数据资产服务为资源需求方和资源提供方实现数据共享服务的审批申请流程的执行，从功能角度来看，包括服务申请、服务审批、服务统计等。

1. 服务申请

资源需求方可通过前台的资产目录，根据资源提供方展示的数据资产具体颗粒度，进行一类或多类数据资产的数据共享服务申请，并明确所属项目、服务名称、服务方法、服务期限、服务描述等服务相关信息；仅涉及单一部门的资产数据，由单一部门进行服务审批，涉及多个部门的资产数据，由多个部门分别同时进行服务审批。

2. 服务审批

资源提供方可通过后台服务审批进行数据共享服务申请的审批流程。资源提供方在提醒中收到申请后，根据申请信息，出具审批结果(同意/不同意，并可

附加留言），并在审批结果中明确共享条件及使用范围。

若审批结果为同意，资源需求方可应用并使用具体的共享数据；若审批结果为不同意，则流程返回，资源需求方须重新进行申请流程。

3. 服务统计

服务统计可进行服务的统计，包括服务总数、服务订阅总人次、今日服务访问总数、平均响应时间、服务类型统计、服务运行状态统计、总服务调用次数排行、今日服务调用次数排行、服务访问时间记录、单位时间内服务访问量、服务订阅排行和项目订阅服务统计等。

4.4.3.4 数据共享交换服务

数据共享交换服务是强化数字孪生流域共建共享，保障项目协调有序开展，提升建设质量和应用效益的必要手段。为满足水利部、生态环境部门、海委及永定河流域公司数据共享交换的业务需求，重点针对物联感知数据、监测数据、视频数据及业务数据等开发数据共享交换服务，以确保数据的完整性、准确性、时效性和可用性。

1. 数据共享流程

数据共享流程主要涉及资源需求方和资源提供方。

资源需求方：向共享交换系统提交申请，共享交换系统根据申请分配操作权限。资源需求方使用资源主要涉及资源申请、申请审核、资源获取三个环节。

资源提供方：向共享交换系统提供共享数据，共享交换系统完成资源发布工作。资源提供方在管理授权范围内进行资源共享条件设置，可设置为无条件共享、有条件共享和不予共享三大类。无条件共享和有条件共享的可在服务上线后进行共享申请；不予共享的资源在服务上线后，不可向外提供服务申请。

2. 数据共享模式

资源需求方的资源申请通过后，资源以接口模式和文件模式的形式提供给申请者、用户及应用程序。

5

基于多类水循环场景的永定河模型平台研究

根据《数字孪生水利工程建设技术导则(试行)》,数字孪生流域的模型平台由水利专业模型、智能识别模型、可视化模型和模拟仿真引擎构成,本项目建设内容如图 5-1 所示。

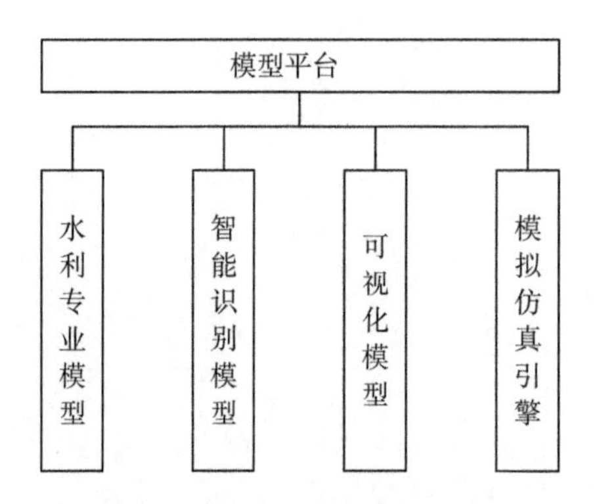

图 5-1　模型平台组成结构

水利专业模型按照具体的应用场景,主要有水文模型、水资源模型、水生态环境模型、水力学模型、泥沙动力学模型、水土保持模型、水利工程安全模型等。

智能识别模型将人工智能与水利特定业务场景相结合,实现对水利对象特征的自动识别,进一步提升水利感知能力。智能识别模型主要是利用人工智能从视频等数据中自动识别水利对象特征。

可视化模型包括自然背景、流场动态、水利工程、水利机电设备等,通过对各类模型进行可视化构建,面向具体的业务应用,真实展现物理流域中各种水利业务场景。自然背景包括河流、湖泊、侵蚀沟、地下湖、地下河、植被、建筑、道路等;流场动态包括水流、泥沙运动、潮汐、台风等;水利工程包括水库、水闸、堤防等;水利机电设备包括水泵、启闭机、闸门等。

模拟仿真引擎以数据底板为基础,以虚拟现实(Virtual Reality,VR)、增强现实(Augmented Reality,AR)等为支撑,实现数字孪生流域与物理流域同步仿真运行,其包括模型管理、场景配置、模拟仿真等功能。

5.1　水利专业模型

5.1.1　国内外研究现状

5.1.1.1　中长期径流预报研究现状

径流过程作为弱相关且高度复杂的非线性动力系统,模型构建复杂。流域

产流往往受到气候、植被以及人类活动等诸多不确定性因素的影响，因而径流序列又具有随机、模糊、无序等特征。径流序列的非线性和非平稳性给径流预报特别是中长期径流预报带来了巨大的挑战。中长期水文预报模型通常可分为两类：过程驱动模型和数据驱动模型。

过程驱动模型又可称为物理成因分析法。该类模型需要借助能够反映流域产汇流特征的水文模型，并将未来中长期预报气象信息作为模型输入，从而得到预报对象的情况。数值预报产品是过程驱动模型的主要输入数据，它的精度对于耦合预报系统的整体性能起着至关重要的作用。然而，气候的数值气象预报产品在中长期尺度精度较低，特别是当预见期超过一个月后，其预报精度急剧下降，难以满足中长期径流预报的需求；此外，数值预报模式没有较好地考虑降水数值模拟的初始场和模型结构带来的不确定性，将降水预报的误差和不确定性引入水文预报系统，会对模型使用者的技术能力有较大的考验，因而该模型的应用受到限制。

数据驱动模型则不考虑水文过程的物理机制，直接基于历史数据建立预报对象与预报因子之间的数学关系，并借助这种数学关系对未来的水文变量进行预报。数据驱动模型主要包括传统的时间序列分析方法、回归分析方法以及机器学习方法。其中，传统的时间序列分析方法被较早地应用到径流预报模型中，如自回归（AR）模型、滑动平均（MA）模型、自回归滑动平均（ARMA）模型及差分自回归滑动平均（ARIMA）模型等。由于径流过程受多种因素影响，其物理机制尚未完全明确，而时间序列分析方法仅考虑前期径流对预报月的影响，限制了模型的预报效果。回归分析技术通过分析多种预报因子与预报对象之间的统计相关关系，从而建立回归模型，包括逐步回归、多元线性回归、主成分回归和岭回归等。而近年来，随着新的数学分支及计算机技术水平的发展与提高，中长期水文预报开启了新的篇章。研究发现机器学习方法对处理径流过程这样弱相关且高度复杂的非线性动力系统具有显著的优越性。当前，模糊分析方法、灰色系统分析方法、人工神经网络模型和支持向量机等方法建立的一个月预见期的径流预报模型表现出了较高的精度。然而这些算法普遍存在泛化能力差、易产生局部最优解等局限性，对于一个月以上预见期的径流预报能力差。国内外研究发现，深度学习更加接近人的思维，对于复杂数据的特征提取和拟合程度远高于人工神经网络、支持向量回归等浅层学习算法。

对于数据驱动模型而言，预报因子的遴选是重中之重。径流过程一方面受前期水文要素的影响，另一方面与太阳活动、大气环流、下垫面及人类活动亦息息相关。目前，较为常见的预报因子主要包括前期径流、降水、气温、蒸散发和大气环流因子等。筛选预报因子时，一方面要保证预报因子与径流量之间相关性显著，另一方面要确保预报因子之间的相关关系较小。目前，较为普遍的做法是先通过相关性显著性检验初选预报因子，后对初选因子进行逐步回归分析，进一步筛选最终预报因子。除了上述方法，LASSO 回归、互信息法、主成分分析法、最优子集回归、Copula 熵、决策树等更进一步丰富了最佳预报因子的筛选方法。

5.1.1.2 短期预报研究现状

1. 国内研究现状

随着人口快速增长和经济社会的迅速发展，水资源开发利用强度不断增加。中国水资源总量巨大但人均水资源量远低于世界平均水平，且时空分布不均。我国长江流域以南地区国土面积仅为全国面积的 36.5%，水资源总量却占全国的 81%，长江以北地区国土面积占全国的 63.5%，但水资源总量仅占全国的 19%。尖锐的水资源供需矛盾已成为制约我国北方地区社会经济可持续发展的重要障碍。永定河流域是海河流域的重要水系，发源于内蒙古高原的南缘和山西高原的北部，流域地跨内蒙古、山西、河北、北京、天津 5 个省（自治区、直辖市），面积 4.70 万 km^2。永定河上游有桑干河、洋河两大支流；桑干河、洋河于朱官屯汇合后称永定河，至天津市屈家店；永定河自朱官屯下行入官厅水库，在官厅水库纳妫水河，官厅水库至三家店为山峡段。永定河流域水资源短缺，开发利用程度高。根据《总体方案》的分析结果，永定河山区 1956—2010 年年均水资源总量 26.61 亿 m^3，人均水资源量 276 m^3，仅为全国的 9.8%，属于严重缺水地区；流域年平均供水总量 20.32 亿 m^3（含官厅水库向北京市供水量），水资源开发利用率高达 97%，永定河流域水资源超载严重，生态水量难以保障。评价流域水资源量变化情况，需要预测流域主要支流、干流及水库未来不同时间尺度的来水量，为生态水量实时调度提供径流预报结果。

水文模型通过数学方式对复杂水文系统和水文过程进行模拟和简化体现，水文模型的发展不仅为认识水循环过程提供了有效工具，同时在水文预报、水资源规划和管理等方面发挥了重要作用。水文模型可分为集总式水文模型和分布式水文模型，分布式水文模型能够描述水文过程的时空变异，是当前水文模拟的主要工具和热点。2020 年，陆文利用 SWAT 模型对永定河上游流域河川径流过程模拟，在进行分布式参数率定与验证的基础上，以张家口地区为例解释了永定河上游地区地表水资源量的时空分布特征，并对全球变化背景下张家口地区未来地表水资源分布情况进行预测。2015 年，曹倍利用半分布式蓄满超渗兼容模型对燕山水库进行预报，其模型综合考虑了多种产流模式，并且针对模型参数进行了一定的机理分析，找出影响参数的因素，提高模型预报精度。2015 年，焦伟杰等以清江水布垭上游流域为研究对象，利用 1 km×1 km 精度的数字高程模型(DEM)提取流域特征信息，采用基于 DEM 的分布式水文模型(DDRM)对清江流域进行降雨-径流模拟。并且在 DDRM 模型的基础上采用自回归模型对误差进行校正提高了预报精度，能在一定程度上弥补分布式水文模型在实际应用中由于资料不足等原因而带来的精度下降的问题。此外，为了更好地刻画实际水文过程，考虑能量平衡和多种产流机制的水文模型如 VIC、DHSM 等模型也被广泛应用(高瑞和穆振侠，2017；康丽莉等，2008)。

2. 国外研究现状

水资源的特点有流动性、有限性、可再生性等等，水资源的众多特点决定了水资源分布的不均匀性，总的来说包括时间分布不均匀、空间分布不均匀。全球有三分之一的人生活在中度和高度缺水的地区，人类对水资源的需求仍在增加，而农业方面也需要大量的水，在社会经济发展中农业利用的水相当之多。因为水资源问题严峻，节约和保护水资源、实现水资源的可持续发展任重而道远。水资源评价通常指对水资源的数量、质量、时空分布特征、开发利用条件的分析评定，是水资源合理开发利用、管理和保护的基础，也是国家或地区有关问题的决策依据。水资源评价工作由来已久，如 1840 年美国对俄亥俄河和密西西比河进行河川径流量的统计，苏联自 20 世纪 30 年代开始编制《国家水资源编目》。20 世纪 60 年代以来，由于水资源开发利用引起了一系列问题，加强对水资源的开发利用管理和保护逐步为世界各国所重视。1977 年，马德普拉塔世界水会议指出，水资源评价是水资源可持续开发与管理的前提，在这一会议精神的推动下，全球水资源评价活动迅速发展。

水文模型通过数学方式对复杂水文系统和水文过程进行模拟和简化，水文模型的发展不仅为认识水循环过程提供了有效工具，同时在水文预报、水资源评价、规划和管理等方面发挥了重要作用。从 1851 年 Mulvaney 提出推理公式至今，水文模型的发展经历了三个阶段，分别是不具物理基础的经验模型、具有一定物理基础和一定经验性的概念性模型、基于物理机制的水文模型。现在采用较多的是概念性模型和具有物理机制的水文模型。采用水文模型模拟水资源量的应用在全球范围内都非常广泛。2013 年，Kizza 等采用这些有资料地区率定得到的 WASMOD 参数移植到其他子流域用以模拟维多利亚湖的入湖流量，结果证明参数移植获得了良好的模拟效果。2013 年，Baker 等采用 SWAT 模型来研究土地利用变化情况下东非的水资源量变化，模拟效果优异。

5.1.1.3 生态水量调度研究现状

1. 国内研究现状

我国有着丰富的水资源量，包括水库和水闸在内的水利工程得到充分开发，其中一些问题也渐渐得到重视。水利工程建设由工程水利转变为资源水利，再由资源水利向生态水利转变。生态水利主旨是人与自然和谐的可持续发展。

关于水库调度优化的研究早在 20 世纪 60 年代就已经开始，中国科学院和水科院研究了单个水库的优化调度并进行应用，联合编译出版了《运筹学在水文水利计算中的应用》。随后水科院水文所根据的动态规划马尔柯夫决策过程理论，建立了优化调度模型，此后国内的相关理论逐渐成熟，相关研究成果在生产实践中也得到了广泛应用，在特定一段时间内指导着水库调度规则的制定。

随着社会经济发展，水问题愈发严重，传统的单一水库优化调度已难以满足现实的需要。与此同时，河流的水质问题已经影响到了人们的生产生活和环境，研究水库运行对河流水质的影响势在必行。

2007 年，艾学山等在考虑水库综合运用的要求前提下，采用 FS－DDDP 的方式以黄河上游梯级水库群为例，算出综合效益最大化的配置方案；2008 年，杨娜等学者对国内外生态友好型水库研究方法进行总结，得到两种方案并总结出相应优势，采用梯级电站进行验证，分析出各自适用的情境；2009 年，张丽丽等分析了现阶段水库生态调度目前迫切需要解决的技术问题，其中就包括水库湖泊群的联合调度，为未来水库生态调度指明了研究方向；2011 年，陈进等针对长江流域建设的大规模梯级水库群进行研究，结合近年来开展的相关科研工作，对长江流域大型梯级水库群联合调度需要解决的理论、方法、技术等问题进行了归纳剖析，对未来的其他流域进行联合调度和水资源配置具有指导意义；2014 年，黄草等以长江上游十五座水库群联合调度为背景，在考虑了发电和河道内外用水目标非完全协调的情况下，采用逐步优化算法求出合理配置方案；2016 年，刘德富等总结了三峡水库区干支流水动力特征，并由此提出了防控支流水华的潮汐式生态调度方法；方子云等总结分析并具体阐述了三种调度情况如何利用水库和产生的影响；2018 年，随着对长江经济带提出了绿色发展的新要求，黄艳等分析总结了三峡工程建成以来的生态调度实践及特点，提出了贯穿三峡水库调度全年的生态调度目标体系，如今仍可以参考借鉴。

可见，流域管理已从从前单一的水量管理向综合考虑水量水质水生态的管理转变。如今全球面临水污染危机，为了保护人类水安全，维持地球生态系统健康，必须制定合理有效的水资源管理战略。

在2003年全国水资源综合规划中，我国将水资源水质水量联合评价方法作为研究重点之一。新时期也对水资源管理提出了新要求，如何联合评价水资源数量和质量、精准定位河流水资源量和分布情况，都是亟待解决的问题。李考真等以徒骇河为例，提出水质水量联合调度，并研究出最小引水量法这种既能满足水量要求，又能使水质达标的实时演算方法；赵棣华等在有限体积法的框架下，应用FVS(通量向量分裂)格式进行二维平面水流-水质模拟，对长江江苏靖江段水质及污染带进行了模拟，计算出的结果与水质监测值非常吻合；金科等以原有的太湖流域水量模型为基础，对水量水质耦合数学模型进行集成，开发出引江济太水量水质联合调度系统；董增川等分析了引江济太原型试验，建立了以该实验引分水控制模式为基础的区域水量水质模拟与调度的耦合模型；林伟波等建立了在有限体积法的框架下的平面二维非恒定流数学模型，并模拟了浙江省49省道温溪至鹤城段改建工程河道水流状况，模型可用于分析工程河段水流运动，为防洪影响评价提供依据，具有实用价值；吴昊等在对水情、工情数据整理分析的基础上，基于MIKE 11HD(水动力)模型和MIKE 11AD(水质扩散)模型，开发了引滦输水沿线水质水量联合管理信息系统；刘玉年等聚焦淮河流域中游，建立一、二维水量水质耦合的非恒定流模型，模型能够适应河网交错水系密布、水库闸坝众多且相互制约等复杂的水流条件及调度要求，率定和检验结果较好，可以用其对各调度方案对水质的改善效果进行预测和评价。

2. 国外研究现状

国际上关于水库调度的研究早在20世纪初就已经开始。1937年，美国的农垦法明确提出，中央河谷工程(CVP)的大坝与水库“首先应用于调节河流、改善航运和防洪，其次用于灌溉和生活用水，第三是用于发电”。该法案后于20世纪90年代对法规进行了修订，增加了满足鱼类与野生动物需要的内容。水库优化的一般方法在国外于20世纪40年代提出，后续相关研究也陆续开展。从1959年在伏尔加河上修建伏尔加格勒大坝时起，俄罗斯为确保大坝下游农业灌溉用水量、放水过程线及放水期限和鱼类产卵场淹水的需要，每年汛期根据气象部门提供的水量预报以及对国民经济发展的情势预测，模拟春汛向大坝下游进行目的性放水，同时组织专家开展了放水可行性研究。

计算机技术也推动了水库调度理论的发展。随着新理论、新算法的出现，国际上关于水库调度的研究取得了比较多的成果，并且在实践中取得良好效果。大系统分解协调、线性规划、非线性规划、动态规划、网络分析、模型模拟等方法广泛应用于对水库调度的研究中，以水库防洪、灌溉、供水、发电、航运等综合利用效益最大为目标的水库优化调度理论研究迅速发展。2008 年 Andrea Castelletti 等在建模过程中，采用离散的时间和统计模型简化时间和流域，目标函数定义则定义为总折扣成本或平均预期值。整个用水系统的总模型形式上表现为离散、随机、不确定性。模型求解采用随机动态规划，为了避免在实际操作中会出现的维数灾难问题，作者提出了集值控制策略，线性二次高斯控制策略，以及通过降低模型自由度和修改模型来简化计算的方法。但这种模型仅仅适用于水力发电类型，对于其他类型，则需要根据实际情况修改约束和目标函数。

总体来说，国际上关于水库调度和水库对水量、水质、水生态的影响研究可以概括为：水循环综合模拟技术不断完善并且精度得到不断提高，能够更加精确地监测水质水量相关变量；随着人们更加深刻地认识到水库对河流造成的负面影响，在水库调控中，生态环境与人类社会协调发展的目标逐渐取代经济发展目标。但是国内外情况存在差别，并且国外的研究或宏观进行，或针对具体研究对象进行研究，具体针对水库调控能力的研究仍较为少见，研究框架也不算成熟，因此需要进行适应我国具体流域情况的水库调控能力识别研究。

5.1.2 研究内容

针对永定河生态调度过程受沿线的取用水影响很大的情况，包括平原段河道与湖泊、砂石坑串联，以及河道渗漏情况严重等问题，重点建设不同时间尺度径流滚动修正预报模型、基于模拟优化框架的生态水量调度模型和永定河生态补水效果评估模型。针对永定河防洪调度业务预报调度一体化耦合计算需求，重点建设全流域水文-水动力耦合模型、重点区域水工程联合防洪调度及仿真模拟模型。

1. 不同时间尺度径流滚动修正预报模型

动态预测流域内各关键断面和水库入库未来一年逐月、官厅水库未来 7 天逐日的径流量，并完成模型滚动修正预报，为生态水量调度模型提供来水预测输入，为调度方案制定和修正提供参考。应用场景为径流预报、中长期调度方案制定、实时调度方案制定。模拟范围与节点为桑干河：东榆林水库、壶流河水库、镇子梁水库、固定桥、册田水库、册田—石匣里区间；洋河：友谊水库、响水堡水库；永定河：八号桥（册田水库、友谊水库—八号桥区间）、官厅水库（册田水库、友谊水库—官厅水库区间）。

2. 基于模拟优化框架的多尺度生态水量调度模型

基于模拟优化框架，搭建全流域生态水量调度模型，实现水库可补水量、官厅以下生态需水过程、供需平衡和方案生成的计算，得到官厅及其以上各水库的生态调度过程，支撑生态水量调度方案的制定。应用场景为中长期调度方案制定、实时调度方案制定。模拟范围与节点为水库工程：东榆林水库、镇子梁水库、册田水库、壶流河水库、友谊水库、响水堡水库、官厅水库；生态断面：册田、响水堡、三家店。

3. 河道输水水量损失评价模型

计算官厅以上各河段考虑水库集中输水及引黄工程的分段输水效率；计算官厅以下河道、湖坑在全年不同时段的水量损失，为生态目标中水面维持时间和下次补水方案的初始蓄水条件提供参考。应用场景为调度方案制定、径流预报、输水效率测算。模拟范围与节点为桑干河：万家寨引黄工程（以下简称引黄）—东榆林水库入库、东榆林水库—册田水库段、册田水库—官厅水库段；洋河：友谊水库—洋河段、洋河—官厅水库段；永定河：山峡段、平原北段、平原南段、界河段。

4. 考虑取用水过程的地表-地下水耦合模拟模型

基于取用水监测数据，构建考虑取用水过程的水循环模拟模型，为径流预报模型和生态水量调度模型提供长系列模拟径流数据和需水边界；耦合地下水模型，计算河道网格单元与地下水的交互水量，为河道损失模型提供下渗量参考。应用场景为径流预报、下渗量损失评价、水资源评价。模拟范围与节点为地表水模型：官厅以上流域共 25 个参数分区、46 个子流域；地下水模型：永定河平原区。

5. 永定河生态补水效果评估模型

根据年度生态水量调度计划和年内生态水量调度实施方案的年度调度目标，从通水河长、通水时长等方面总结年度生态水量目标完成情况。结合实际补水过程，分析生态水量调度方案执行情况。应用场景为生态补水效果评估。评价范围参照《总体方案（修编）》重点治理范围，为永定河京津冀晋四省（市）涉及的相关区域，重点治理河道范围为永定（新）河干流及桑干河东榆林水库以下河段、洋河友谊水库以下河段（含主要水库）。山区段以河道两岸第一道山脊线之间、平原段以河道两侧 1～2 km 为重点治理范围。

6. 全流域水文-水动力耦合模型

将已有水文模型的产流过程与基于水动力学模型的汇流过程进行耦合，接入多尺度气象、水文实时监测数据，对水流运动进行模拟，为洪水预报、防洪调度业务实现数字孪生仿真提供支撑。应用场景为洪水预报。模拟范围与节点为建模范围：官厅以上、山峡段。预报断面：柴沟堡、响水堡、石匣里、官厅入库、青白口、雁翅、三家店。

7. 重点区域水工程联合防洪调度及仿真模拟模型

考虑重要控制工程的调度规则，全时段模拟官厅以下河道及泛洪区洪水演进和淹没过程，实现重点区域水工程联合防洪调度方案的制定及仿真模拟，支撑流域防洪决策管理。应用场景为防洪调度、淹没分析。模拟范围与节点为建模范围：三家店到入海口；控制工程：官厅水库、卢沟桥枢纽、大宁水库和永定河滞洪水库、永定河泛区、屈家店枢纽。

5.1.3 不同时间尺度径流滚动修正预报模型

5.1.3.1 模型功能及建模范围

1. 模型功能

模型功能主要包括径流分割、径流预报和径流分配三个部分，主要功能如下：

(1) 径流分割

永定河各个断面的径流量除了天然径流之外，还受到引黄补水和上游水库集中输水的影响，其中引黄补水和集中输水属于人类活动影响，无法准确预测，如果单纯对径流监测数据进行预测，会产生较大误差。为了较为准确预测未来各个断面的径流和水库的入库情况，需要提前将监测径流中的引黄补水和集中输水分离出去，只对天然径流进行预报。考虑到水头演进的影响，在对断面进行径流分割时只对每月的总径流量进行分割，将月径流总量减去扣除损失的引黄补水和扣除损失的上游水库集中输水，得到的结果即为月总天然径流量。

(2) 径流预报

径流预报基于径流分割获得的天然径流，对其历史规律进行学习和率参，动态预测流域内各关键断面和水库入库未来一年逐月、官厅水库未来 7 天逐日的径流量，并完成模型滚动修正预报。

(3) 径流分配

将径流预报的结果根据历史规律分配到逐日，为生态水量调度模型提供来水预测输入，为调度方案制定和修正提供参考。

2. 建模范围

模型的主要建模对象为永定河中上游有调度和监测任务的重要断面，从上游至下游依次为东榆林水库、镇子梁水库、新桥、固定桥、册田水库、壶流河水库、石匣里、友谊水库、响水堡水库、八号桥和官厅水库。

5.1.3.2 模型构建

1. 基本原理

模型采用长短期记忆网络（LSTM）、图卷积神经网络（GCN）、支持向量机（SVM）和相似预报模型，通过对历史径流的规律的学习来进行未来径流预报，几种方法的主要原理如下：

1) LSTM

LSTM 是一种用于处理长时间序列的特殊循环神经网络（RNN），其为解决长期依赖问题而设计，LSTM 在 RNN 的基础上增加了对过去状态的筛选，从而可以有效选择更有影响的状态，并通过在长序列数据中提取长期依赖信息，有效避免了梯度消失和爆炸等问题的出现。LSTM 神经网络在语音建模、翻译、识别和图片描述等方面取得了一定的成功。

LSTM 结果相对于 RNN 更为复杂，在 RNN 结构中，其将过去的输出和当前的输入相连接，并通过 Tanh 函数来控制两者的输出，但是它只考虑最近时刻的状态。在 RNN 中由两个输入和一个输出，其结构如图 5-2 所示。

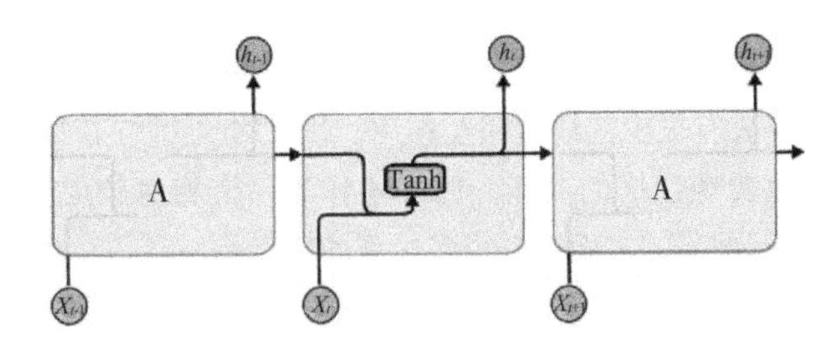

图 5-2 RNN 内部结构图

LSTM 同样具有相似的链状结构，但在重复模块结构上有显著差异，LSTM 增加了三个神经网络层，分别代表遗忘门、输入门和输出门，各门的作用及原理如下：

遗忘门用来控制信息的保留与否，决定忘记多少信息取决于新的输入 X_t 和上一次传递的 h_{t-1}，经由 Sigmoid 函数决定其输出，其公式如下所示，其中 f_t 为上一层网络输入的信息经过遗忘门之后所留存的信息，W_f 与 b_f 为其权重信息。

$$f_t = \sigma(W_f \times [h_{t-1}, X_t + b_f]) \tag{5-1}$$

经过遗忘门舍弃信息后，需要输入门重新补入一部分信息，首先经过 Sigmoid 激活函数进行判断上一层输入的信息值哪些需要输入，哪些需要舍弃，之后利用新的激活函数 Tanh 形成新的输出并与 Sigmoid 函数计算结果进行相乘，之后更新信息传送带上的输入并与遗忘门的结果 f_t 相乘，之后形成新的单元状态。其公式如下所示，其中 i_t 为经过 Sigmoid 函数保留的信息，$\widetilde{C}_t$ 为新增的输入信息，C_{t-1} 为旧的单元细胞信息，C_t 为新的单元细胞状态信息。

$$i_t = \sigma(W_i \times [h_{t-1}, X_t] + b_i) \tag{5-2}$$

$$\widetilde{C}_t = \mathrm{Tanh}(W_C \times [h_{t-1}, X_t] + b_c) \tag{5-3}$$

$$\mathrm{C}_t = f_t \times C_{t-1} + i_t \times \widetilde{C}_t \tag{5-4}$$

输出门输出需要的值和单元的状态，公式如下所示：

$$\sigma_t = \sigma(W_o \times [h_{t-1}, X_t] + b_o) \tag{5-5}$$

其中，W_0 和 b_0 分别是输出门的权重矩阵和偏置向量；h_{t-1} 是前一时刻的隐藏状态；X_t 是当前时刻的输入；σ 函数确保输出门的输出值在 0 到 1 之间，从而实现对信息的选择性输出。

LSTM 的关键是单元状态，它可以将信息从上一个单元传递到下一个单元，和其他的部分只有很少的线性相互作用。LSTM 通过“门”来控制丢弃或者增加的信息，从而实现记忆的功能。LSTM 作为一个相对较成熟的神经网络，在对时间序列进行预测的方面具有很多优秀的特点：

(1) RNN 并不完全适用于学习时间序列，因此会需要各种辅助性处理，并且效果也不一定好。面对时间序列敏感的问题和任务，使用 LSTM 会比较合适，且其对于序列数据有一定的记忆效应。

(2) RNNs 可以视为一个所有层共享同样权值的深度前馈神经网络，它很难学习并长期保存信息。而 LSTM 则采用了一种称作记忆细胞的特殊单元，类似累加器和门控神经元，它在下一个时间步长将拥有一个权值并联接到自身，拷贝自身状态的真实值和累积的外部信号，这种自联接由另一个单元学习并决定何时清除记忆内容的乘法门控制。

(3) LSTM 是 RNN 的一个优秀的变种模型，继承了大部分 RNN 模型的特

性，同时解决了梯度反传过程中由于逐步缩减而产生的梯度消失问题。

2）GCN

GCN是一种能对图数据进行深度学习的方法（图5-3）。GCN的图是由顶点的有穷非空集合**V**(G)和顶点之间边的集合**E**(G)组成的，通常表示为G=(**V**, **E**)，其中，G表示个图，**V**是图G中顶点的集合，**E**是图G中边的集合。图有两个基本特征，一是每个节点都有自己的基本特征，二是图谱中的每个节点也包含有结构信息。因此GCN可以通过分析图结构数据来对图进行特征提取，使人们可以使用这些特征去对图数据进行节点分类（node classification）、图分类（graph classification）、边预测（link prediction），还可以得到图的嵌入表示（graph embeding）。

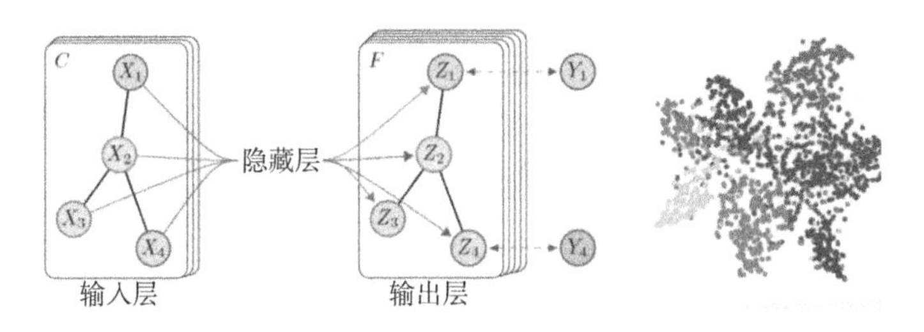

图5-3 GCN结构示意图

对于图G=(**V**, **E**)，**V**为节点的集合，**E**为边的集合，对于每个节点i，均有其特征x_i，可以用矩阵$\mathbf{X}_{N\times D}$表示。其中N表示节点数，D表示每个节点的特征数，也可以说是特征向量的维度。图中的每个节点无时无刻因为邻居和更远的点的影响而在改变着自己的状态，直到最终的平衡，关系越亲近的邻居影响越大，图卷积神经网络用度矩阵和拉普拉斯矩阵来度量邻接节点之间的关系。

图生成是训练GCN的重要步骤之一。由于流域是一个整体，在进行站点的径流模拟时，站点的径流除了受到降雨、日照、风速等气象要素的影响，还会受到上游站点造成的影响，为了有效发掘站与站之间的径流关系，在模型计算中考虑其他站点对于本站的影响，需要生成水文拓扑图。水文拓扑图是一种加权图，用于输入GCN中提取流域的空间特征。用G=(**V**,**E**)描述流域水文网的拓扑结构，**V**为节点的集合，对于本节来说，节点就是流域内的各个站点，$\mathbf{V}=\{V_1, V_2,\ldots,V_n\}$，其中$n$为参与计算的站点个数。**E**为边的集合，本节中表示站点之间的关系，边的权值表示站点之间的关系强度。

考虑到水文循环过程的特性和流域内各个站点的影响，本节在计算中考虑其他站点的径流影响、人类活动影响和气候环境影响三个方面的要素，因此采用液压距离图、欧几里得距离图、站点取用水关联图、站点气象数据关联图做加权生成水文拓扑图。

(1) 液压距离图生成

从水文角度看，如果一条河流中的一个站点位于另一个站点的下游，这两个站点的流量相似性会很高，因为二者之间存在液压连接。但是，如果两个站点位于不同的集水区域，没有液压链接，那两个站点处流量的相似性取决于各自集水区的降雨径流过程。

本模型经纬度来计算上下游关系和河道距离。根据 DEM 确定站点之间的水力连接和流域流向。水从上游站点流到下游站点时，水力距离为两个站点之间的河道长度($dh_{i,j}$)。当两个站点之间没有液压连接时，$dh_{i,j}$ 为无穷大。站点与自身的液压距离为 0。由此可以得出，液压距离矩阵为：

$$\boldsymbol{D}_H = \begin{bmatrix} dh_{1,1} & dh_{1,2} & \cdots & dh_{1,k} & \cdots & dh_{1,n} \\ dh_{2,1} & dh_{2,2} & \cdots & dh_{2,k} & \cdots & dh_{2,n} \\ \vdots & \vdots & & \vdots & & \vdots \\ dh_{m,1} & dh_{m,2} & \cdots & dh_{m,k} & \cdots & dh_{m,n} \\ \vdots & \vdots & & \vdots & & \vdots \\ dh_{n,1} & dh_{n,2} & \cdots & dh_{n,k} & \cdots & dh_{n,n} \end{bmatrix} \tag{5-6}$$

液压距离越近时，站点流量越相似，液压距离越远时，站点流量差异越大，因此取液压距离的倒数为各边的权值，则对应的邻接矩阵为：

$$\boldsymbol{A}_H = \begin{bmatrix} \frac{1}{dh_{1,1}} & \frac{1}{dh_{1,2}} & \cdots & \frac{1}{dh_{1,k}} & \cdots & \frac{1}{dh_{1,n}} \\ \frac{1}{dh_{2,1}} & \frac{1}{dh_{2,2}} & \cdots & \frac{1}{dh_{2,k}} & \cdots & \frac{1}{dh_{2,n}} \\ \vdots & \vdots & & \vdots & & \vdots \\ \frac{1}{dh_{m,1}} & \frac{1}{dh_{m,2}} & \cdots & \frac{1}{dh_{m,k}} & \cdots & \frac{1}{dh_{m,n}} \\ \vdots & \vdots & & \vdots & & \vdots \\ \frac{1}{dh_{n,1}} & \frac{1}{dh_{n,2}} & \cdots & \frac{1}{dh_{n,k}} & \cdots & \frac{1}{dh_{n,n}} \end{bmatrix} \tag{5-7}$$

(2) 欧几里得距离图生成

欧几里得距离(欧氏距离)是指在空间中两点之间的真实距离。有些时候两

点之间虽然位于不同的集水区，没有液压连接，但是欧几里得距离较短时，由于气候条件和土地覆被条件相似，通常流量的相似程度也较高。但是，即使是在较小的局部尺度下，某些流域也可能存在地形条件发生显著变化的情况，在这种情况下，如果没有上下游连接，流量也可能存在较大的差异。因此，本节选取欧几里得距离图作为液压图的辅助，当液压距离和欧几里得距离都较短时，才认为两个站点的流量具有相似性。

本模型利用经纬度来计算两个站点之间的欧几里得距离，计算公式为：

$$de_{i,j}=2R\times \operatorname{atan2}(\sqrt{\alpha},\sqrt{1-\alpha}) \tag{5-8}$$

$$\operatorname{atan2}(y,x)=\begin{cases}\arctan\left(\dfrac{y}{x}\right), x>0\\ \arctan\left(\dfrac{y}{x}\right)+\pi, y\geqslant 0, x<0\\ \arctan\left(\dfrac{y}{x}\right)-\pi, y<0, x<0\\ +\dfrac{\pi}{2}, y>0, x=0\\ -\dfrac{\pi}{2}, y<0, x=0\\ \text{undefined}, y=0, x=0\end{cases} \tag{5-9}$$

其中
$$\alpha=\sin^2(\Delta\theta/2)+\cos\alpha_i\cos\alpha_j\sin^2(\Delta\alpha/2)$$

式中：$\Delta\theta$ 为两个地理点的纬度差；α_i 和 α_j 分别为两个地理点的经度；$\Delta\alpha$ 为经度差。请注意，角度需要以弧度为单位，而不是以数值纬度或经度为单位。

按这种算法得到的欧几里得图矩阵为：

$$\boldsymbol{D}_E=\begin{bmatrix} de_{1,1} & de_{1,2} & \cdots & de_{1,k} & \cdots & de_{1,n}\\ de_{2,1} & de_{2,2} & \cdots & de_{2,k} & \cdots & de_{2,n}\\ \vdots & \vdots & & \vdots & & \vdots\\ de_{m,1} & de_{m,2} & \cdots & de_{m,k} & \cdots & de_{m,n}\\ \vdots & \vdots & & \vdots & & \vdots\\ de_{n,1} & de_{n,2} & \cdots & de_{n,k} & \cdots & de_{n,n}\end{bmatrix} \tag{5-10}$$

欧氏距离越近，说明两站的气候和环境因素越可能相似，流量越可能相似，因此边的权重越大，反之，距离越远，边的权重越小，因此，欧几里得图的邻接矩阵为：

$$\boldsymbol{A}_E = \begin{bmatrix} \frac{1}{de_{1,1}} & \frac{1}{de_{1,1}} & \cdots & \frac{1}{de_{1,1}} & \cdots & \frac{1}{de_{1,1}} \\ \frac{1}{de_{1,1}} & \frac{1}{de_{1,1}} & \cdots & \frac{1}{de_{1,1}} & \cdots & \frac{1}{de_{1,1}} \\ \vdots & \vdots & & \vdots & & \vdots \\ \frac{1}{de_{1,1}} & \frac{1}{de_{1,1}} & \cdots & \frac{1}{de_{1,1}} & \cdots & \frac{1}{de_{1,1}} \\ \vdots & \vdots & & \vdots & & \vdots \\ \frac{1}{de_{1,1}} & \frac{1}{de_{1,1}} & \cdots & \frac{1}{de_{1,1}} & \cdots & \frac{1}{de_{1,1}} \end{bmatrix} \tag{5-11}$$

3) SVM 模型

支持向量机基于 VC 维理论和结构风险最小化原理，通过核函数实现输入空间非线性问题到高维特征空间线性问题的转换，可以缓解模型的过拟合现象。核函数的选择对于模型的预测结果非常重要，目前常用的核函数主要有线性核函数，径向基核函数，多项式核函数。模型表达式如下所示：

$$f(x) = \sum_{i=1}^{n} \omega_i K(x_i, x) + b \tag{5-12}$$

式中：$K(x,x)$是核函数；$f(x)$是预测的径流量；ω_i 是权重；b 是偏差项根据结构最小化原则，以最小化风险函数作为目标训练 SVM 模型获得 $f(x)$。

用 SVM 进行回归预测则是在线性函数两侧制造了一个“间隔带”，间距为 ε（也叫容忍偏差，是一个由人工设定的经验值），对所有落入间隔带内的样本不计算损失，也就是只有支持向量才会对其函数模型产生影响，最后通过最小化总损失和最大化间隔来得出优化后的模型。

4) 相似预报模型

一定时段内的水文相似序列，其后续变化也相似，因此可根据相似性利用已知数据对未来做出预测。在对重点断面进行预报时，可先选择预报开始前的一段时间作为样本，通过欧氏距离[式(5-13)]计算该样本和之间时段之间的相似性，选择欧氏距离最小的时段作为本样本的最相似片段，则其对应的径流结果为本断面预报时间的预报结果。图 5-4 为相似预报模型原理图。

$$distance = \sqrt{(q_1 - q_2)^2} \tag{5-13}$$

式中：q_1，q_2 分别为样本片段和历史片段对应的径流量。

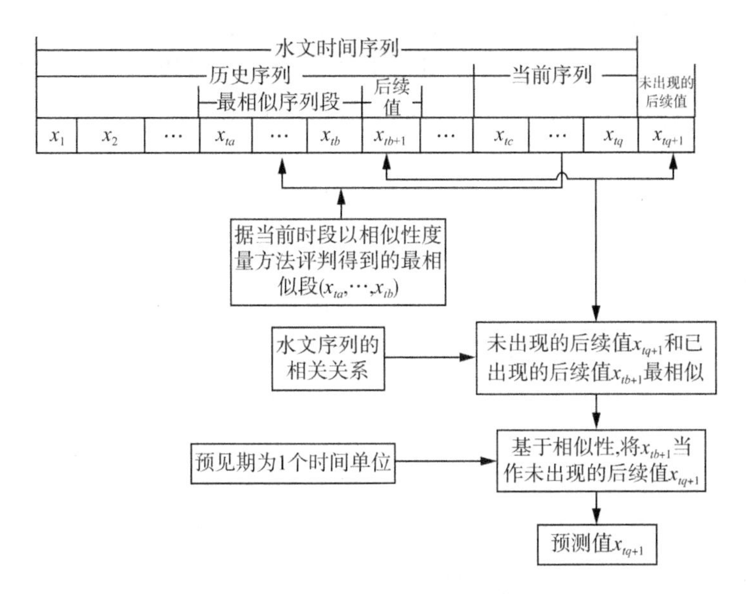

图 5-4　相似预报模型原理图

2. 构建过程

不同时间尺度径流滚动修正预报模型的构建过程主要包括以下几步。

(1) 基础数据的插补和整编

模型对象为桑干河上东榆林水库、固定桥、册田水库,洋河上友谊水库、响水堡水库,永定河上八号桥、官厅水库,模型所需要的基础数据为水文站的水位、径流数据,水库的水位、入库数据。首先要对已有的水位径流历史监测数据进行筛选和处理,检查各个水文站和水库的历史数据是否有缺值或存在异常值,清除异常值,按线性插值补充历史数据中缺少的数值,保证历史数据的连续性。

(2) 径流数据分割

在进行正式的径流预报之前,为了避免因为引黄补水和人类取用水对径流产生的影响导致模型预测结果出现较大误差,需要先对各个预报断面进行径流分割,将每个断面的径流分成三部分,即引黄补水,上游产生的集中输水和区间内因为水文循环生成的天然径流,也称为基流。

按照上述内容,各个预报断面的径流需要划分成如下形式:

对于桑干河上的断面来说,①东榆林水库上游没有大型水库或水文站,只有引黄补水一号洞,引黄水从此处进入桑干河,东榆林水库的入库就需要划分成引黄水和东榆林水库以上流域产生的基流;②新桥站的径流来源有两部分,即东榆林水库的下泄和东榆林水库—新桥段产生的基流，东榆林水库的下泄又需要划分成扣除东榆林—新桥段损失的引黄水和东榆林水库的集中输水，即扣除东榆林水库—新桥段水量损失和沿线地区取用水的东榆林水库以上流域产生的基流；③固定桥的径流需要划分成新桥至固定桥的引黄水，新桥流出的集中输水以及新桥—固定桥段产生的基流，在分割时，引黄水和集中输水也需要扣除新桥至固定桥段产生的水量损失；④册田水库的入库划分为固定桥流出的引黄水、固定桥以上流域产生的集中输水和固定桥—册田水库段产生的基流；⑤石匣里的流量由册田水库的下泄和册田水库—石匣里段产生的基流两部分组成，册田水库的下泄也分为扣除区间损失的引黄水和以上流域产生的集中输水。

对于洋河上的断面来说，①友谊水库以上流域没有补水口和大型水库，因此友谊水库的入库监测数据可以直接作为友谊水库的基流；②响水堡水库在友谊水库下游，它接收来自友谊水库的下泄和友谊水库—响水堡水库段产生的基流，友谊水库的流量需要扣除友谊水库—响水堡水库段的输水损失。

对于永定河上的断面来说，①八号桥位于洋河汇入永定河点稍下的位置，它的流量由五部分组成：响水堡水库的下泄、响水堡水库—八号桥段产生的基流、从石匣里流出的引黄水、石匣里以上流域产生的集中输水、石匣里—八号桥段产生的基流，从上游水文站和水库下泄的流量都需要扣除区段沿途的取用水和输水损失；②官厅水库的入库由八号桥流出的引黄水和以上流域扣除取用水和输水损失产生的集中输水以及八号桥—官厅水库段产生的基流组成。

具体的分割结果如表 5-1 所示。

表 5-1　断面径流分割结果

断面名称	引黄补水	集中输水	基流
东榆林水库入库	引黄水	—	东榆林水库以上产生的天然径流
新桥	扣除损失后的引黄水	东榆林水库以上扣除取用水后的基流	东榆林水库—新桥产生的天然径流
固定桥	扣除损失后的引黄水	东榆林水库—新桥扣除取用水后的基流	新桥—固定桥产生的天然径流
册田水库入库	扣除损失后的引黄水	新桥—固定桥扣除取用水后的基流	固定桥—册田水库产生的天然径流
石匣里	扣除损失后的引黄水	固定桥—册田水库扣除取用水后的基流	册田水库—石匣里产生的天然径流

续表

断面名称	引黄补水	集中输水	基流
响水堡水库入库	—	—	响水堡以上产生的天然径流
八号桥	扣除损失后的引黄水	东榆林水库—新桥扣除取用水后的基流	响水堡、石匣里—八号桥的天然径流
官厅水库入库	扣除损失后的引黄水	东榆林水库—新桥扣除取用水后的基流	八号桥—官厅水库产生的天然径流

(3) 预报方法

径流预报模型采用 LSTM、GCN、SVM 相似预报三种模型。

3. 模型输入与输出

不同时间尺度径流滚动修正预报模型的数据输入输出及时间步长情况如表 5-2 至表 5-4 所示。

表 5-2 径流分割模块输入输出表

名称	输入	输出	输出结果时间步长
径流分割模块	断面的实测径流数据、实测引黄补水量、区间内水量损失、上一区间产生的集中补水	本断面产生的基流	月

表 5-3 径流预测模块数据输入输出表

名称	输入	输出	预见期
年预测模块	某断面历史径流数据	某断面未来一年内各月的径流	预报月份至次年 12 月
逐月滚动预测模块		本月至 12 月的径流	预报月份至本年 12 月
逐日滚动预测模块		预报日期前 7 至本日的径流	7 天

表 5-4 径流分配模块数据输入输出表

名称	输入	输出	输出结果时间步长
径流分配模块	某断面径流预报结果、各月每日径流分配率	某断面每日径流	日

5.1.3.3 模型验证

模型采用 1960—2019 年数据进行参数率定和验证,其中 70%的数据进行率定,30%的数据进行验证,利用率定好参数的模型对 2020 年的各断面径流进行预测,其中东榆林水库预报结果和原始监测数据如图 5-5 所示。

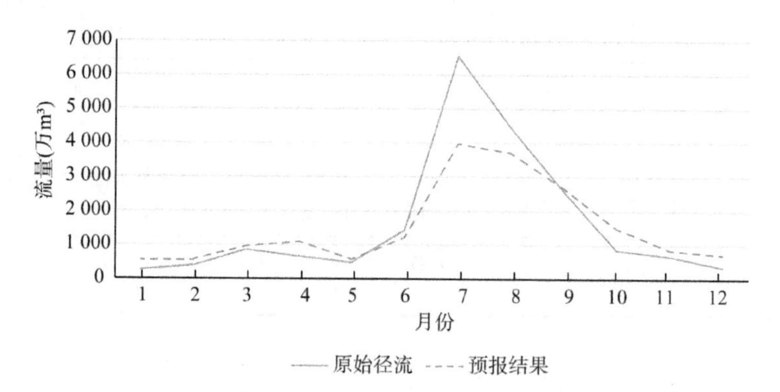

图 5-5　东榆林水库 2020 年逐月出库预报结果

针对东榆林出库预报结果，各指标计算结果如表 5-5 所示，预报值相比于原始数据，*MAE* 为 491.24，*RMSE* 为 824.34，*NSE* 为 0.81，*RB* 为－0.06，预报结果与原始数据相比整体趋势相同，峰值偏差较小，除 7 月份汛期预报值较小外，其余月份预报结果相对准确，且经查证，2020 年 7 月实际出库相比于历史值偏大，模型预报结果可接受。

表 5-5　东榆林水库各指标评价结果

评价指标	计算结果
MAE	491.24
RMSE	824.34
NSE	0.81
RB	－0.06

2020 年新桥预报结果和原始监测数据如图 5-6 所示。

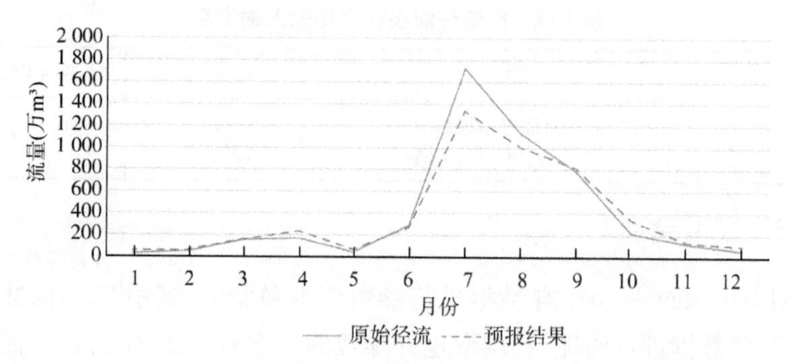

图 5-6　新桥 2020 年逐月径流预报结果

针对新桥预报结果，各指标计算结果如表 5-6 所示，预报值相比于原始数据，*MAE* 为 72.43，*RMSE* 为 126.37，*NSE* 为 0.99，*RB* 为－0.04，预报结果与原始数据相比整体趋势几乎吻合，峰值偏差较小，除 7 月汛期预报值较小外，其余月份预报结果相对准确，整体误差较小，模型结果可以接受。

表 5-6　新桥各指标评价结果

评价指标	计算结果
MAE	72.43
RMSE	126.37
NSE	0.99
RB	－0.04

5.1.4　基于模拟优化框架的生态水量调度模型

5.1.4.1　模型功能及建模范围

1. 模型功能

1）方案制定模块

（1）官厅以下生态需水模块：考虑下游河道初始状况（槽蓄量）、小红门再生水和南水北调中线工程补水情况，将水体流动时间和水面维持时间作为约束，将水量损失和入海水量最小作为目标，耦合水动力学模型和水量损失模型求得官厅以下的生态需水过程。

（2）生态水量调算调度模块：为调度优化模块提供考虑调度经验的初始方案。生态水量调算调度模块包括水源分析、生态需水、供需平衡和调度方案。水源分析即供水侧，为各个水源补水提供决策支撑；官厅以下生态需水即需水侧，根据设定的目标来决策官厅以下生态需水；供需平衡即供水侧和需水侧水量平衡计算；调度方案即安排各水源补水过程、生成官厅以上和官厅以下补水安排，模拟预测补水效果。

（3）调度优化模块：以官厅以下生态需水过程、灌区需水过程、关键断面或水库来水过程为边界条件，耦合官厅以上输水效率模型、来水预报模型、水动力学模型。以官厅以下生态需水过程、水量损失最小、水库年末蓄水量最多、补水费用最小为目标，采用逐步优化和差分进化算法来决策引黄水和口泉河补水过程、各水库调度过程，为制定生态水量调度方案提供支撑。

2）实时调度滚动修正模块

生态水量调度计划方案执行时，滚动更新的来水预报、调度时段、模型输入的初始条件，会导致下游生态补水效果出现偏差。当事件驱动的预警触发时，表明方案执行偏离计划，此时需要反馈调度余留期剩余水量偏差信息，利用模型滚动修正余留期水量调度方案。

（1）实时调度模块生态流量不足触发实时调度

原因类别包括：上游调度工程未严格执行调度方案；上游调度工程执行调度方案，区间有可能引用生态用水；上游调度工程执行调度方案，由于降水和两岸地下水取用等，河道入渗补给比预期大。

（2）入海流量偏大触发实时调度

为提高水资源利用效率、降低生态补水费用，入海流量偏大到一定的幅度，在不影响防洪调度的前提下，视水源条件，降低上游补水工程下泄流量。入海流量阈值的确定可通过输入最大流量过程或者偏大幅度来实现。

（3）来水偏少触发实时调度

实际来水过程比预期来水偏少会影响各水利工程补水量完成情况。若官厅水库以上来水偏少，根据官厅水库以上各补水工程的入库径流量来水情况，结合调度计划，判断是否能完成补水量，若无法完成原调度方案，提出实时调度方案。

（4）水库蓄水量偏大触发实时调度

若实际来水偏大，导致水库蓄水量偏大，为不影响水库汛期防洪调度安全而产生弃水，造成水资源的浪费，触发实时调度。根据调度方案和实时雨水情信息，预测册田水库、友谊水库、官厅水库蓄水量，若蓄水量超过设定的阈值，增加当地径流补水量、减少外调水补水量。

2. 建模范围

建模范围为桑干河、洋河、浑河、壶流河和永定河上的水库和断面。水库包括东榆林水库、册田水库、镇子梁水库、壶流河水库、友谊水库、洋河水库、官厅水库；断面包括金门闸、固安、崔指挥营、邵七堤、屈家店枢纽、卢沟桥、三家店、东榆林水库、新桥、册田水库、石匣里、八号桥、响水堡。

3. 水资源系统网络结构

系统网络结构是对真实系统的抽象概化，主要由水资源开发、利用、转化的概化元素构成。概化元素包括计算单元、生态断面、水利工程、分汇水节点以及各种输水通道等。水源与分区分类型用户之间，通过各种供水工程相联系。按照供水工程、概化用户在流域水系上和自然地理上的拓扑关系，把水源与用户连接起来，形成系统网络图。

计算单元是划分的最小一级计算分区，是各类资料收集整理的基本单元，也是水资源利用的主体对象；在网络图上用长方形框表示，属于“面”元素。水利工程是网络图上标明的水库及引提水工程等。分汇水节点包括天然节点和人为设置的节点两类，前者是重要河流的交汇点或分水点，后者主要是对水量水质有特殊要求或希望掌握的控制断面，在网络图上属于“点”元素。输水通道是对不同类别输水途径的概化，包括河流水系，水利工程到计算单元的供水传递关系，计算单元退水的传递关系、水利工程之间或计算单元之间的联系等，在网络图上属于“线”元素。

以概化后的点、线、面元素为基础，构筑天然和人工用水循环系统，动态模拟逐时段生态断面流量过程、生态断面达标率以及多水源向多用户的供水量及蓄变量过程，实现真实生态水量调度的仿真模拟。

鉴于流域情况复杂，针对水量分配的要求和考虑生态断面，建模时进行了以下概化处理。模型系统结合永定河流域河流取水的特点，将该区域概化出了7个概化用水单元。确定上述逻辑关系后，即可建立生态水量调度模型，从上游至下游依次对每个节点逐月计算。

永定河流域是一个由水库与引调水工程组成的，具有防洪、供水、改善生态等多功能的复杂水资源系统，模拟模型的构建首先在于厘清流域水资源系统网络结构及各工程之间的水力联系。该流域由干流和六条支流组成，其中干流上建有 3 座有调节能力的水库(东榆林水库、册田水库、官厅水库)，支流上建有四座有调节能力的水库(镇子梁水库、壶流河水库、友谊水库、响水堡水库)。有7个用水户、6个生态水量监测断面(东榆林断面、新桥断面、册田断面、石匣里断面、八号桥断面、响水堡断面)，每个断面处均有河道内生态流量要求。

5.1.4.2 模型构建

1. 基本原理

围绕永定河流域水库生态调度的实际需求，提出目标函数、确定约束条件和计算方法，构建生态水量调度模型。以生态断面缺水最少、补水费用最小、水量损失最小和水库年末蓄水量最多为目标，结合水库调度规则构建水库群优化调度模型，并利用差分进化算法与逐步优化算法进行求解，得到未来年水量调度计划，形成水库群生态水量调度模拟-优化框架。

2. 构建过程

1) 生态水量调算调度模型

生态水量调算调度的流程如图 5-7 所示，通过水源分析来确定各个水源的可补水量，再通过生态需水计算出官厅以下生态需水，进而进行供需平衡计算，供需平衡计算是年水账的平衡，优先用水库的水，若不满足需求侧用水，优先用引黄水或者南水北调中线的水来满足需求侧的要求。安排各水源补水过程、生成官厅以上和官厅以下补水安排，模拟预测补水效果。为调度优化模块提供考虑调度经验的初始方案。

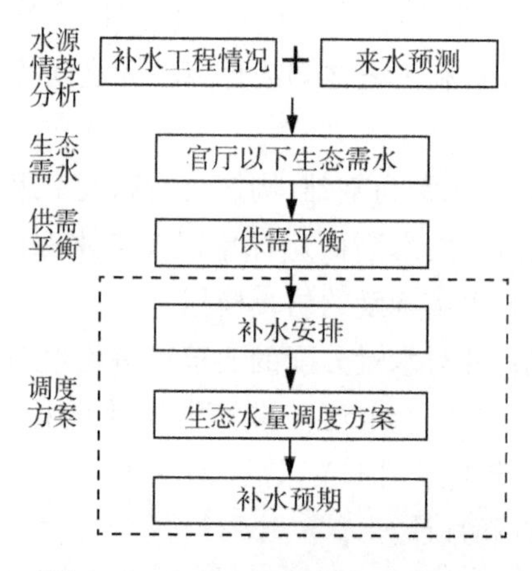

图 5-7　生态水量调算调度流程图

水源分析：将水库径流预报以及各个补水工程情况进行展示以及确定出水库的可补水量。补水水源包括水库（东榆林水库、镇子梁水库、册田水库、壶流河水库、友谊水库、洋河水库、官厅水库）、补水工程（引黄水补水工程、南水北调中线水）和小红门再生水。

生态需水：根据历史补水计划统计大流量过程，以全线有水天数、全线流动天数、全线流动期间最小入海流量为目标来决策官厅以下生态需水过程。

供需平衡分析：供水侧和需水侧水量平衡计算。

调度方案：包括各个水源补水安排、水库模拟调蓄过程、官厅以上补水安排、官厅以下补水安排、方案生成和补水预期。

(1) 提出目标函数

①生态效益最大化目标

$$F_1=\max P_{eco}=\max\sum_{i=1}^{n}\omega_i\mu_i \tag{5-14}$$

式中：P_{eco} 为断面“自然化”生态目标值；ω_i 为第 i 个 ERHIs 的权重系数；μ_i 为第 i 个 ERHIs 的隶属度函数值。

②补水费用最小

$$F_2 = \min D = \sum_{t=1}^{T}\sum_{i=1}^{n}(D_{i,t}) \tag{5-15}$$

式中：$D_{i,t}$ 表示补水费用，万元。

③水量损失最小

$$F_3 = \min h = \sum_{t=1}^{T}\sum_{i=1}^{n}(\mathrm{h}_{i,t}) \tag{5-16}$$

式中：$h_{i,t}$ 表示水量损失，万 m^3。

④水库年末蓄水量最多

$$F_4 = \max w = \sum_{t=1}^{T}\sum_{i=1}^{n}(V_{i,t}) \tag{5-17}$$

式中：$V_{i,t}$ 为各个水库年末蓄水量，万 m^3。

(2) 确定约束条件

永定河流域水库群多目标优化调度模型的目的是尽可能使满足生态效益和供水缺额最小，由于各个水库在现实运行过程中还承担了不同的任务，因此在构建模拟模型时需要考虑不同的约束条件。

①水量平衡约束

$$V_{i,t+1} = V_{i,t} + (I_{i,t} - Q_{i,t})\Delta t \tag{5-18}$$

$$I_{i+1,t} = Q_{i,t} + q_{i+1,t} \tag{5-19}$$

式中：$V_{i,t}$ 表示第 t 个时段第 i 个水库的库容，m^3；$I_{i,t}$ 表示第 t 个时段第 i 个水库的入库流量，m^3/s；$Q_{i,t}$ 表示第 t 个时段第 i 个水库的出库流量，m^3/s；$q_{i,t}$ 表示第 t 个时段第 i 个水库的区间入流流量，m^3/s；Δt 是时段间隔。

②水位约束

$$Z_{i,t}^{\min} \leqslant Z_{i,t} \leqslant Z_{i,t}^{\max} \tag{5-20}$$

式中：$Z_{i,t}$ 表示第 t 个时段第 i 个水库的水位，m；$Z_{i,t}^{\max}$ 表示第 t 个时段第 i 个水库的水位上界，m；$Z_{i,t}^{\min}$ 表示第 t 个时段第 i 个水库的水位下界，m。

③下泄流量约束

$$Q_{i,t}^{\min} \leqslant Q_{i,t} \leqslant Q_{i,t}^{\max} \tag{5-21}$$

式中：$Q_{i,t}$ 表示第 t 个时段第 i 个水库的出库流量，m^3/s；$Q_{i,t}^{\max}$ 表示第 t 个时段

第 i 个水库的出库流量上界，m^3/s；$Q_{i,t}^{min}$ 表示第 t 个时段第 i 个水库的出库流量下界，m^3/s。

(3) 约束处理

在调度模型中，有一些解往往会突破约束变成不可行解，降低进化算法进化的效率。此外，水库群优化调度问题是一个相互联系、相互制约的多维复杂问题，模型中如果存在太多复杂且相互制约的约束，很难通过进化获得最优解。因此，将不可行解转变为可行解，让优化算法不断进化的约束处理方式如下：

①若两个个体的解均未违反约束，按照目标函数值的非劣性确定两者之间的支配关系；

②若其中一个个体的解违反约束，选取另一个不违反约束的个体；

③若两个个体的解均违反约束，选取约束违背程度较小的个体。

(4) 确定求解方法

生态水量调度模型由差分进化算法与逐步优化算法联合求解，差分进化算法(Differential Evolution，DE)是一种新兴的进化计算技术。由 R. Storn 和 K. Price 于 1995 年提出，最初设想是用于解决切比雪夫多项式问题，后来发现其参数较少、存在种群个体间协同进化、原理较为简单、鲁棒性强的特点，因此用于解决大部分复杂优化问题。差分进化算法基于群体智能理论，采用群体进化的手段，通过种群中个体之间的合作与竞争来实现对最优解的求解。相比于进化算法，DE 保留了基于种群的全局搜索策略，采用实数编码、基于差分的简单变异操作和一对一的竞争生存策略，降低了遗传操作的复杂性。同时，DE 特有的记忆能力使其可以动态跟踪当前的搜索情况，以调整其搜索策略，具有较强的全局收敛能力和鲁棒性，且不需要借助问题的特征信息，适于求解一些利用常规的数学规划方法所无法求解的复杂环境中的优化问题。

差分进化算法采用实数编码方式，其算法原理与遗传算法十分相似，进化流程与遗传算法相同：变异、交叉和选择，差分进化算法中的选择策略通常为贪婪算法，即“适者生存”。而交叉方法与遗传算法也大体相同，但在变异方法上使用了差分策略，利用种群中个体间的差分向量对随机个体进行扰动，实现变异个体。差分进化算法的变异方法，有效地利用了种群分布特性，提高了算法的搜索能力，避免了遗传算法中变异方式的不足。差分进化算法主要计算流程如下：

对于优化问题：

$$\mathrm{MAX} f(x_1, x_2, \cdots, x_D) \tag{5-22}$$

$$x_j^L \leqslant x_j \leqslant x_j^U, j=1,2,\cdots,D \tag{5-23}$$

其中：D 为解空间的维度，x_j^L 和 x_j^U 分别表示第 i 个分量 x_j 取值范围的上限与下限。

①初始化种群

初始种群 $\{x_i(0) \mid x_{j,i}^L \leqslant x_{j,i}(0) \leqslant x_{j,i}^U, i=1,2,\cdots,NP; j=1,2,\cdots,D\}$ 随机产生：

$$x_{j,i}(0) = x_{j,i}^L + \mathrm{rand}(0,1) \cdot (x_{j,i}^U - x_{j,i}^L) \tag{5-24}$$

其中：x_j 表示种群中第 0 代的第 i 个个体；$x_{j,i}(0)$ 表示第 0 代的第 i 个个体的第 j 维度的值；NP 表示种群大小；rand(0,1) 表示在(0,1)区间均匀分布的随机数。

②变异

DE 通过差分策略实现个体变异，这也是区分于遗传算法的重要标志。

$$v_i(g+1) = x_{r1}(g) + F \cdot [x_{r2}(g) - x_{r3}(g)] \tag{5-25}$$

$$i \neq r_1 \neq r_2 \neq r_3 \tag{5-26}$$

其中：F 为缩放因子；$x_i(g)$ 表示第 g 代种群中第 i 个个体。

在进化过程中，为了保证解的有效性，需要判断个体中各维度的值是否满足约束，若不满足，则须用随机方法重新生成。

③交叉

对第 g 代种群 $\{\mathrm{x}_i(g)\}$ 及其变异的中间体 $\{\mathrm{v}_i(g+1)\}$ 进行个体间的交叉操作：

$$u_{j,i}(g+1) = \begin{cases} v_{j,i}(g+1), \mathrm{rand}(0,1) \leqslant CR \\ x_{j,i}(g), \text{其他} \end{cases} \tag{5-27}$$

其中：CR 为交叉概率。

④选择

差分进化算法采用贪婪算法来选择进入下一代种群的个体：

$$x_i(g+1) = \begin{cases} u_i(g+1), f[u_i(g+1)] \leqslant f[x_i(g)] \\ x_i(g), \text{其他} \end{cases} \tag{5-28}$$

差分进化算法计算流程图如图 5-8 所示。

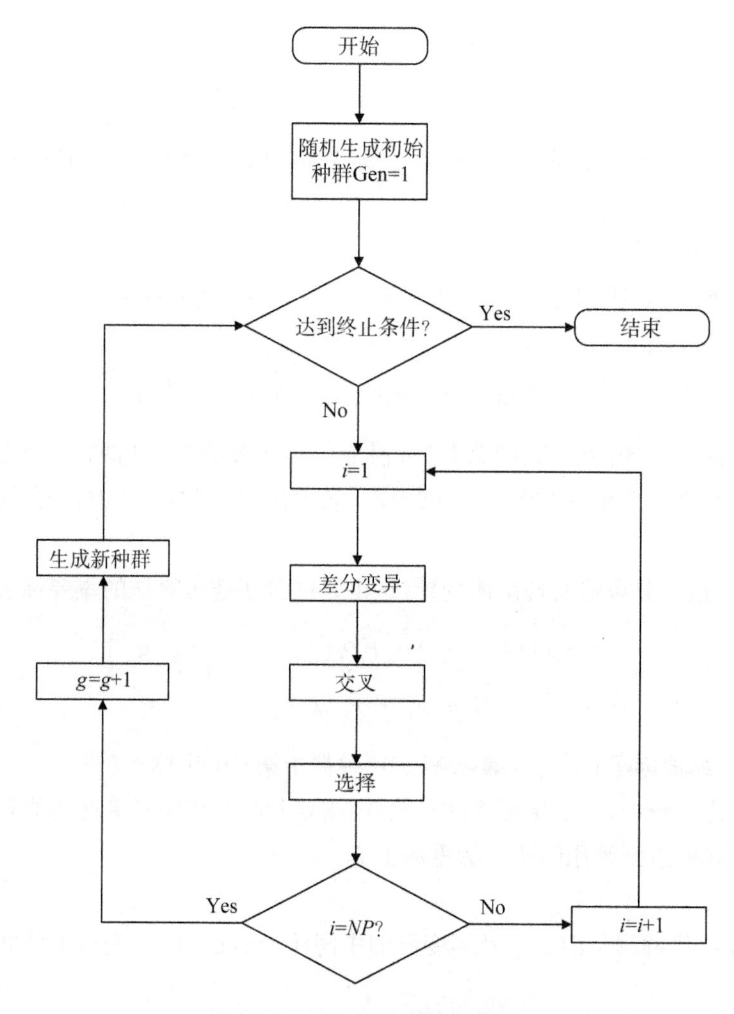

图 5-8 差分进化算法流程图

逐步优化算法(Progressive Optimization Algorithm,POA)根据贝尔曼最优化的思想,于 1975 年由 H. R. Howson 和 N. G. F. Sancho 提出,目的是减轻动态规划算法的“维数灾”问题。该算法在水库调度研究中应用较多,是一个较成熟的优化算法,具有占内存少、计算速度快、可获得较精确解的优点。但在实际调度问题中,受限于初始解经常会出现 POA 算法收敛到局部最优解的情况,因此,采用 POA 算法来针对差分进化算法得到的最优解进行进一步寻优,算法流程如图 5-9 所示。

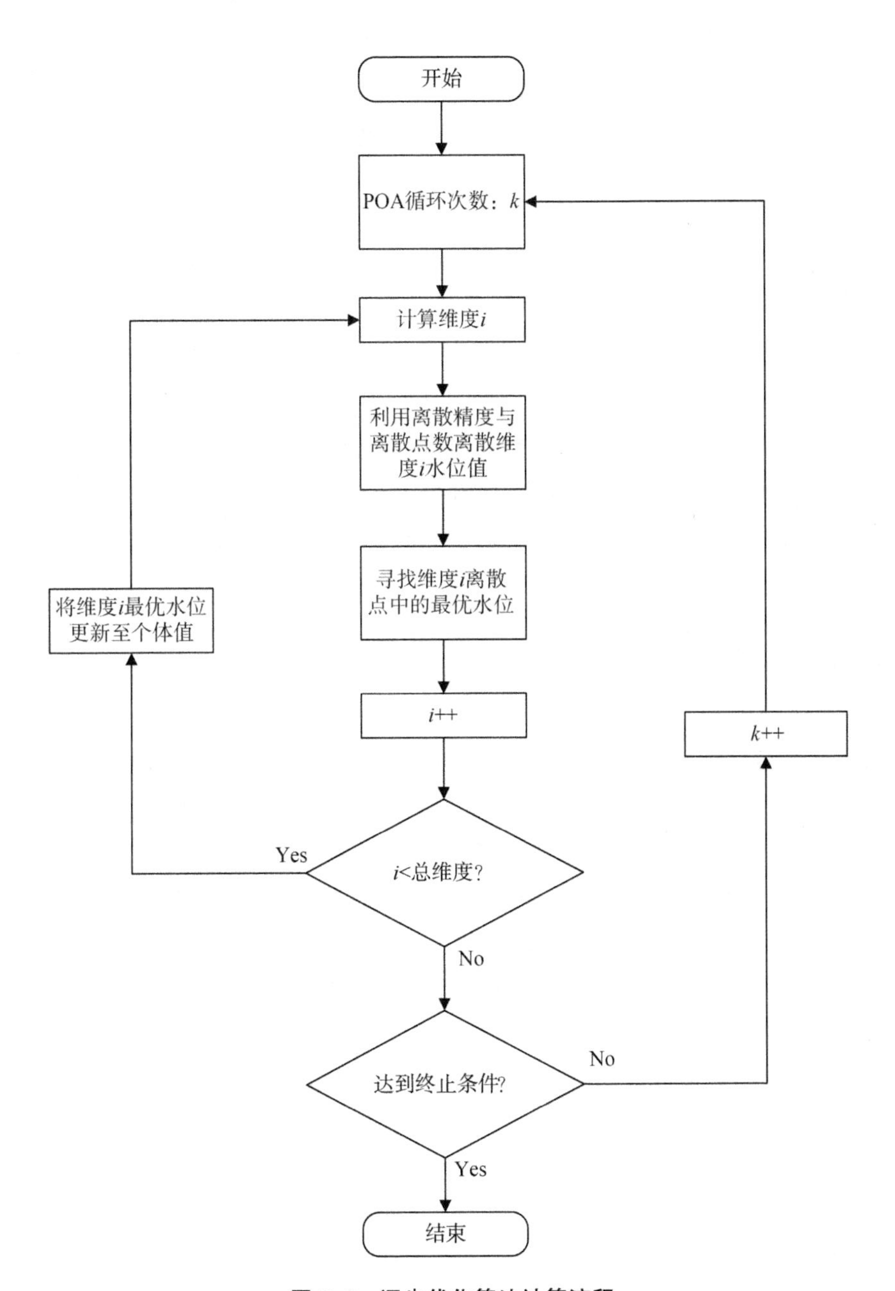

图 5-9　逐步优化算法计算流程

2）生态水量实时调度模型

在实时调度界面业务中，有预警信息、调度建议、调度安排三个模块。通过将预警信息模块、调度建议模块和调度安排模块进行串联，可以实现一个完整的实时调度系统。预警信息模块用于监测和触发警报，调度建议模块用于分析和提供决策支持，调度安排模块用于将决策转化为具体的调度安排和操作。三个模块的逻辑关系如下：

预警信息模块：该模块主要负责监测和触发预警信息，包括生态流量不足触发实时调度、入海流量偏大触发实时调度、来水偏少触发实时调度、水库蓄水量偏大触发实时调度。当预警信息被触发时，该模块可以生成相应的预警通知，以便相关人员能够及时采取行动。

调度建议模块：该模块利用模型来分析系统的当前状态和趋势，并提供调度建议。根据预警信息、系统的实时数据和预报数据，该模块可以评估系统的需求和水资源状况，进而给出相应的调度建议。

调度安排模块：该模块负责将调度建议转化为相应的调度控制工程的实际的调度安排。调度安排模块还须考虑调度的优先级、资源的可用性等因素，以保证调度的执行顺利进行。

（1）生态流量不足触发实时调度的预警逻辑

通过设置监测点实时监测生态系统的流量情况，并设定流量阈值，通过实时数据分析判断是否流量不足，一旦满足预警条件，当上述流量连续小于生态流量阈值三天时触发预警，系统发送预警通知给相关人员，相关人员通过决策和执行调度措施解决流量不足问题，并记录和分析预警事件，可以实现对生态流量的实时监测和预警，保障生态系统的健康和可持续发展。

（2）入海流量偏大触发实时调度的预警逻辑

以邵七堤断面流量的80%作为入海流量，并设定入海流量阈值，通过实时数据分析判断是否流量偏大，一旦满足预警条件，当实测流量大于入海流量时触发预警，系统发送预警通知给相关人员，相关人员根据预警信息进行决策，例如调整水闸开度以控制入海流量，确保水系稳定运行。

（3）来水偏少触发实时调度的预警逻辑

从“贡献率”的角度考虑，采用以下公式来触发来水偏少预警，分子（所有水库调度开始时间到当下的实际来水量＋所有水库当下到调度期结束的预报来水量）/分母（所有水库调度期内——即调度开始时间至调度结束时间——所有水库预报来水量之和）。比对实际来水量与预报来水量，将实时的来水量数据与预报来水进行比较。如果实际来水量低于预报来水的一定比例或阈值，可以判断

为实际来水量偏少。接下来，系统会立即发送预警通知给相关人员，提醒他们注意来水异常情况。根据预警信息进行决策和执行调度措施，例如调整水源引水量，以保障用水需求和生态需水，可以帮助及时应对来水偏少的情况，保障水资源的可持续供应和水生态的健康发展。

(4) 水库蓄水量偏大触发实时调度的预警逻辑

从系统整体考虑，汛期不触发实时调度，系统会不断地收集水库蓄水量数据并进行实时分析。当水库蓄水量超过设定的阈值时，系统判断蓄水量偏大，触发预警机制。接下来，系统会立即发送预警通知给相关人员，相关人员根据预警信息进行决策，增加当地径流补水量、减少外调水补水量，可以帮助及时应对水库蓄水量偏大的情况，保障水库安全稳定运行，并有效防范水灾风险。

3. 模型输入与输出(表 5-7)

表 5-7 基于模拟优化框架的生态水量调度模型输入输出

<table>
<tr><th>名称</th><th>输入</th><th>输出</th><th>计算步长/输出结果时间步长</th></tr>
<tr><td rowspan="4">生态水量调度模型</td><td>断面生态流量目标值(册田、响水堡、三家店)</td><td rowspan="4">1. 补水水源：引黄水(1 号洞)、小红门再生水补水量，南水北调中线水、水库(东榆林、友谊、响水堡、册田、官厅)生态补水过程；
2. 补水目标完成情况；
3. 水位、下泄流量过程(东榆林水库、友谊水库、响水堡水库、册田水库、官厅水库)</td><td rowspan="4">天</td></tr>
<tr><td>官厅水库以下生态需水过程</td></tr>
<tr><td>灌区未来年内逐月需供水量</td></tr>
<tr><td>关键断面/水库来水过程(东榆林水库、册田水库、官厅水库、友谊水库、响水堡水库、固定桥、石匣里、八号桥断面)</td></tr>
</table>

5.1.4.3 模型结果

为了检验生态水量调算调度模型的合理性及实际效果，需要从流域来水、用水、官厅以下生态需求、水库水位等实际情况出发，通过生态水量调算调度模型计算得出水量配置方案，分析配置效果，从而对构建的生态水量调度模型进行检验。

以历史典型调度场景 2022 年为例，采用生态水量调算调度模型进行计算，水库调度结果如图 5-10、图 5-11 所示。

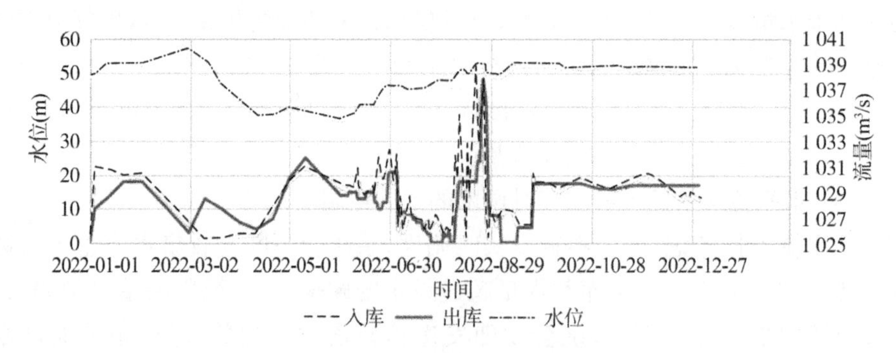

图 5-10　东榆林水库运行图

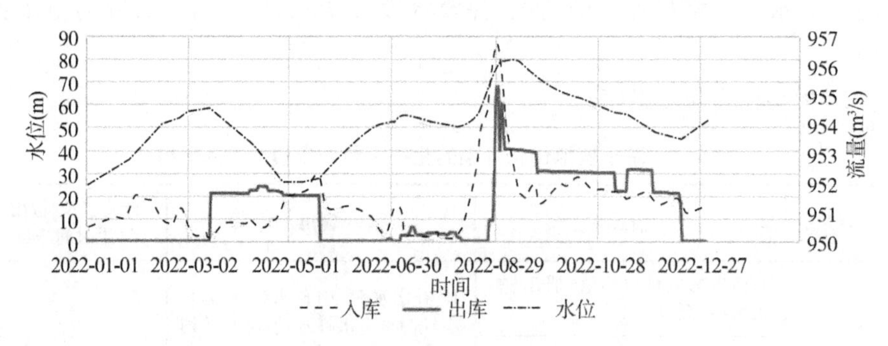

图 5-11　册田水库运行图

5.1.5　河道输水水量损失评价模型

5.1.5.1　模型功能及建模范围

1. 模型功能

水量损失模型主要用于模拟计算集中补水阶段官厅以上河段的下渗水量、蒸发水量和官厅以下河段、“五湖十坑”的下渗水量、蒸发水量、蓄变量，以及非集中补水阶段官厅以下河段、“五湖十坑”的下渗水量、蒸发水量，模拟对象如表 5-8 所示。其主要功能主要是：①计算官厅以上各河段的分段输水效率；②构建考虑渗漏的河道水流数学模型；③计算官厅以下生态补水水面维持时间；④计算年调度方案中“五湖十坑”的初始条件。

2. 建模范围

损失模型根据业务分类，建模范围主要分为官厅以上和官厅以下两个部分，如表 5-8 所示。

表 5-8 损失模型建模范围表

序号	位置	模拟对象	区段
1	官厅以上	引黄生态水损失	引黄北干线 1 号洞—册田
2			册田—官厅
3		集中输水损失	册田—官厅
4			友谊—官厅
5			洋河—官厅
6	官厅以下	集中输水损失	官厅水库—三家店
7			三家店—卢沟桥
8			卢沟桥—固安
9			固安—邵七堤
11			“五湖十坑”
12		非集中输水损失	官厅水库—三家店
13			三家店—卢沟桥
14			卢沟桥—固安
15			固安—邵七堤
16			“五湖十坑”

5.1.5.2 模型构建

1. 基本原理

1）改进的 Kostiakov 方法

为克服 Kostiakov 经验公式参数适用范围不够精确及不能反映输水损失沿程动态变化特点的局限性，利用积分学方法和广义简约梯度法对 Kostiakov 经验公式进行改进，形成改进 Kostiakov 经验公式法。

河道输水损失的主要影响因素有土壤条件、断面形式、水力特性、地下水埋深、衬砌条件和流量等。Kostiakov 经验公式考虑了流量和土壤条件对于损失的影响，其表达式为：

$$S = 0.01AQ^{1-m} \tag{5-29}$$

式中：S 为单位渠长渗漏损失，$m^3/(s \cdot km)$；Q 为流量，m^3/s；A、m 为经验常数，视土壤的渗透性而定，根据不同土壤类型，其经验取值见表 5-9。上式可改写为：

$$S = \sigma Q = \frac{A}{100Q^m}Q \tag{5-30}$$

式中：σ 为单位渠长流量损失率，%/km；其他同上。

表 5-9　土壤透水性参数

河床土壤	A	m
沙壤土黏土	3.40	0.50
轻壤土	2.65	0.45
中壤土	1.90	0.40
重壤土	1.30	0.35
黏土	0.70	0.30

考虑到地下水顶托和渠道衬砌的影响，式(5-30)可修正为：

$$S = 0.01\beta\gamma AQ^{1-m} \tag{5-31}$$

式中：γ 为地下水顶托系数，经验值见表 5-10；β 为采取防渗措施后的渠长渗漏折减系数。

表 5-10　地下水顶托系数

地下水埋深(m)	渠道净流量(m^3/s)						
	1	3	10	20	30	50	100
<3	0.63	0.50	0.41	0.36	0.35	0.32	0.28
3	0.79	0.63	0.50	0.45	0.42	0.37	0.33
5	—	0.82	0.65	0.57	0.54	0.49	0.42
10	—	—	0.91	0.82	0.77	0.69	0.58
15	—	—	—	—	0.94	0.84	0.73
20	—	—	—	—	—	0.97	0.84
25	—	—	—	—	—	—	0.94

根据式(5-29)可以看出，在渠道土壤条件相同即 A 、m 相同的情况下，Kostiakov 经验公式所求单位长度下的输水损失为定值，但实际输水过程中，每千米渠长上的损失流量随流量的变化而变化，输水损失具有沿程变化的动态特点，因此通过积分思想表征其动态变化特点。

引入积分学方法构建改进 Kostiakov 经验公式基本形式。令渠首毛流量为 $Q_{毛}$，经过流程 L 后的流量为 Q_n。设渠道流量 Q 在经过渠段 dL 后的流量损失为 dQ，输水损失量为 S'。在 dL 渠段内，单位流量在单位流程上的损失量 dQ/QdL 即为单位渠长流量损失率，联立式(5-31)可得：

$$\frac{\mathrm{d}Q}{Q\mathrm{d}L}=\frac{A}{100Q^{m}} \tag{5-32}$$

对式(5-32)在渠长 L 范围内积分可得：

$$\int_{Q_n}^{Q_{毛}} Q^{m-1}\mathrm{d}Q=\int_{0}^{L} A\mathrm{d}L \tag{5-33}$$

$$Q_{毛}=(Q_n^m+0.01\beta\gamma ALm)^{\frac{1}{m}} \tag{5-34}$$

令 $A_0=0.01\beta\gamma A$，则式(5-34)可改写为以毛流量为因变量，净流量为自变量的非线性方程：

$$Q_{毛}=(Q_n^m+A_0Lm)^{\frac{1}{m}} \tag{5-35}$$

$$S'=Q_{毛}-Q_n=(Q_n^m+A_0Lm)^{\frac{1}{m}}-Q_n \tag{5-36}$$

对公式(5-35)改写，改进经验公式基本形式为：

$$y=(x^a+abL)^{\frac{1}{a}} \tag{5-37}$$

式中：y 为非线性回归方程求出的毛流量；x 为自变量净流量；a、b 为改进经验公式的参数。

2）三参数 Kostiakov 模型

三参数 Kostiakov 模型是累积入渗量经验模型，其计算公式为：

$$H=kt^{\alpha}+f_0t \tag{5-38}$$

式中：H 是累积入渗量，cm；t 为入渗时间，min；k 为经验入渗系数，指入渗开始后第一个单位时段末的累积入渗量，在数值上等于第一个单位时段末的入渗量，cm/min；α 是经验入渗指数，反映土壤入渗能力的衰减速度，无量纲；f_0 为稳定入渗率，cm/min。

3）蒸发计算

$$W_{蒸发}=0.1EF \tag{5-39}$$

式中：W 为河蒸发损失量，万 m^3；E 为河道平均水面蒸发量，直接采用 E601 型蒸发量，mm；F 为河道水面面积，km^2，采用不同流量条件下的计算值，计算时采用图 5-12 的处理方式。

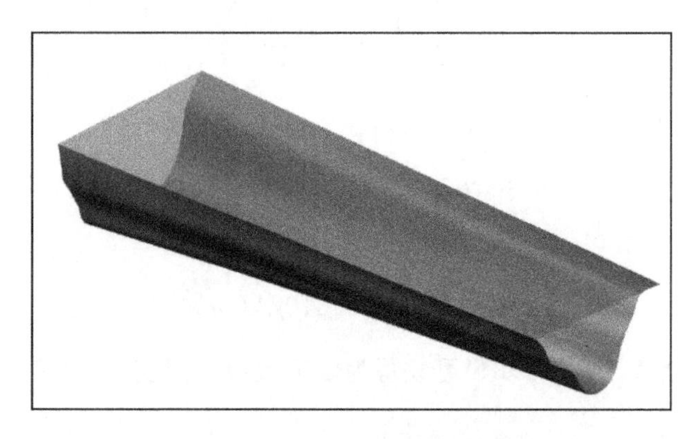

图 5-12 水面面积计算示意图

2. 构建过程

水量损失建模过程主要由 5 类模型组成：水动力学模型、改进的 Kostiakov 模型、三参数 Kostiakov 模型、蒸发模型、蓄变量模型。根据业务内容分类，损失模型分为官厅以上输水效率模型和官厅以下水量损失模型，两者的区别在于官厅以下水量损失模型包括蓄变量模型以及官厅以下输水损失需要考虑时间衰退。

1）官厅以上输水效率模型

官厅以上输水效率模型包括水动力学模块、改进的 Kostiakov 模块、蒸发模块。水动力学模型主要是提供流量、水深数据，其中，流量数据直接作为改进的 Kostiakov 模块的输入，水深数据再结合断面数据可以获取水面结果，该结果作为蒸发模块的输入可获取蒸发量结果，另外也作为改进的 Kostiakov 模块的另外一个输入，由改进的 Kostiakov 模块输出的稳定入渗结果和蒸发模块输出的蒸发量共同组成了官厅以上水量损失结果，具体建模过程如图 5-13 所示。

2）官厅以下水量损失模型

官厅以下水量损失模型包括水动力学模块、改进的 Kostiakov 模块、三参数 Kostiakov 模块、蒸发模块、蓄变量模块。其中，改进的 Kostiakov 模块输出的稳定入渗结果作为三参数 Kostiakov 模块的输入，水面结果作为蓄变量模块的输入可以输出湖坑的蓄变量结果，由三参数 Kostiakov 模块输出的入渗量、蒸发模块输出的蒸发量、蓄变量模块输出的蓄变量共同组成了官厅以下的水量损失结果，具体建模过程如图 5-13 所示。

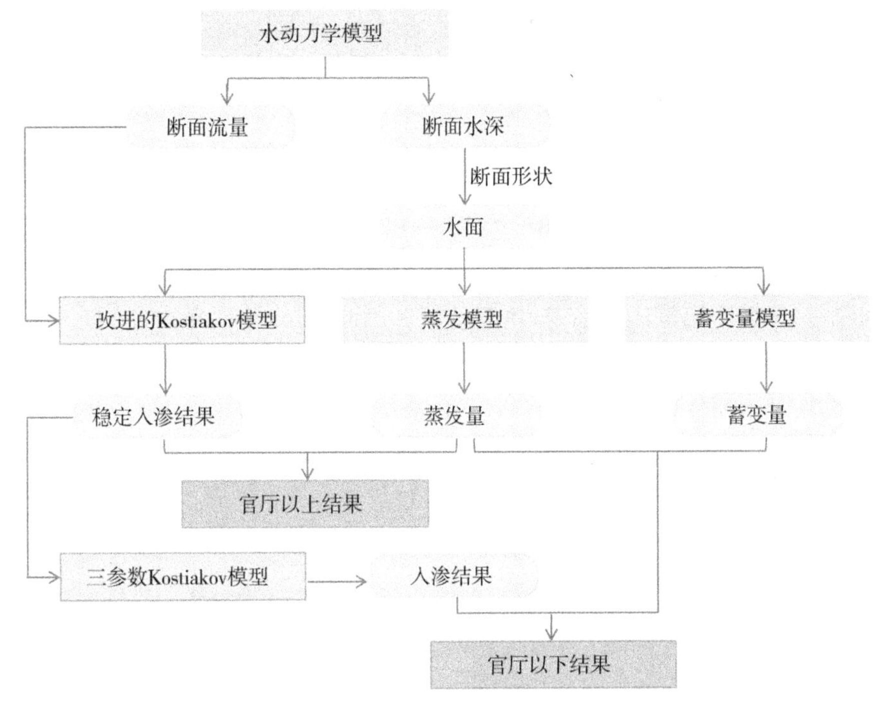

图 5-13 模型构建流程图

3. 模型输入与输出

模型的输入输出按照模块分类，如表 5-11 所示。

表 5-11 模型输入与输出

名称	输入		输出	计算时间步长	输出结果时间步长
官厅以上输水效率模型	改进的 Kostiakov 模块	逐日关键断面流量、地下水逐日埋深、河道内逐日取用水、引黄逐日补水总量	入渗量	天	天
	蒸发模块	水深、单位蒸发深度	蒸发量	天	天
官厅以下水量损失模型	改进的 Kostiakov 模块、三参数 Kostiakov 模块	逐日关键断面流量、地下水逐日埋深、河道内逐日取用水、引黄逐日补水总量	入渗量	天	天
	蒸发模块	水深、单位蒸发深度	蒸发量	天	天
	蓄变量模块	水面	蓄变量	天	天

5.1.5.3 模型验证及精度分析

1. 损失统计分析

(1) 损失分析

以 2022 年为例，对引黄过程和东榆林入库过程进行分析计算，两个断面流量过程如图 5-14 和图 5-15 所示。由图 5-14 可以发现，在 1 月 14 日后，两个断面的流量过程稳定，且东榆林流量大于引黄流量，说明该时期引黄—东榆林段有区间流量，该区间流量比较稳定，属于基流。因此，可以将引黄之前的东榆林流量作为该区间流量，计算出该时段水量损失为 2.28 m^3/s。由图 5-15 可以发现，除稳定补水期外（2 月 1—6 日），东榆林流量过程变动较大，但是补水后期，该流量稳定，因此计算 2 月 18—22 日的流量差，然后扣除稳定流量 1.49 m^3/s，

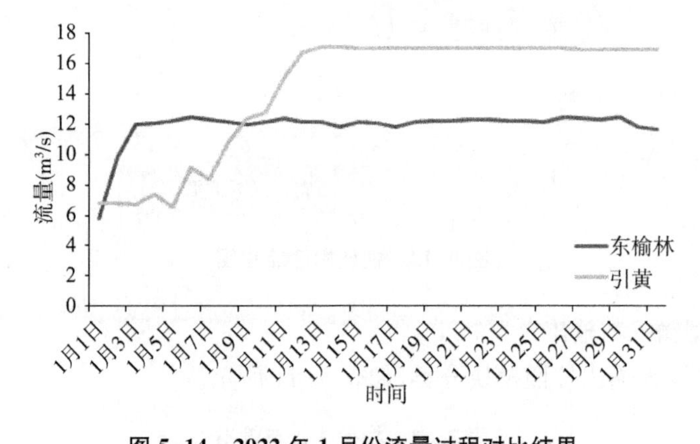

图 5-14　2022 年 1 月份流量过程对比结果

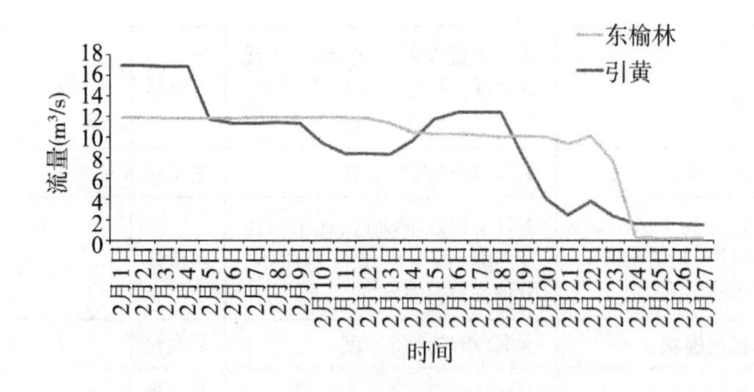

图 5-15　2022 年 2 月份流量过程对比结果

可以得到该时段水量损失为 2.75 m^3/s。由此可知,引黄—东榆林在 2022 年 1—2 月份补水过程中,水量损失在 2.28～2.75 m^3/s,占引黄水量的 20.20%～24.36%。

(2) 损失统计

利用上述分析方法对 2022 年不同河段的春季、秋季补水过程进行了损失统计,统计结果如表 5-12 和表 5-13 所示。

表 5-12 官厅以上损失结果统计

序号	时段	河段	平均损失 (m^3/s)	损失率 (%)
1	2022 年春	东榆林—引黄	2.52	22.3
2		引黄—册田	1.38	34.5
3		册田—官厅	2.64	42.1
4		友谊—洋河	—	—
5		洋河—官厅	1.81	19.26
6	2022 年秋	东榆林—引黄	1.63	18.3
7		引黄—册田	0.86	32.7
8		册田—官厅	1.79	45.1
9		友谊—洋河	1.58	22.86
10		洋河—官厅	1.36	20.33

表 5-13 官厅以下损失结果统计

序号	时段	河段	平均损失 (m^3/s)	损失率 (%)
1	2022 年春	官厅水库—三家店	6.22	16.5
2		三家店—卢沟桥	−3.41	—
3		卢沟桥—固安	14.13	38.22
4		固安—邵七堤	2.27	11.2
6	2022 年秋	官厅水库—三家店	15.74	26.88
7		三家店—卢沟桥	2.65	11.1
8		卢沟桥—固安	16.29	49.1
9		固安—邵七堤	3.99	25.3

2. 计算损失分析

利用上述分析方法对 2022 年的损失统计结果进行建模，完成的计算分段包括官厅—三家店、官厅—邵七堤、官厅—固安、卢沟桥—固安，计算结果如表 5-14 所示。

表 5-14 计算模型损失模拟结果统计

序号	分段	模拟水量（万 m^3）	实测水量（万 m^3）	误差（万 m^3）	相对误差（%）
1	官厅—三家店	8 741.32	8 041.75	699.57	8.70
2	官厅—邵七堤	2 679.15	2 473.5	205.65	8.31
3	官厅—固安	3 274.34	3 745.37	−471.03	−12.58
4	卢沟桥—固安	3 336.51	3 745.37	−408.86	−10.92

(1) 官厅—三家店段

设定官厅—三家店段槽蓄量为 500 万 m^3，水头传播时间为 0.5 天。由实测数据推求官厅—三家店段的总量为 8 041.75 万 m^3，损失模型模拟结果为 8 741.32 万 m^3，模拟误差为 699.57 万 m^3，模拟相对误差为 8.70%，模拟三家店流量过程如图 5-16 所示。

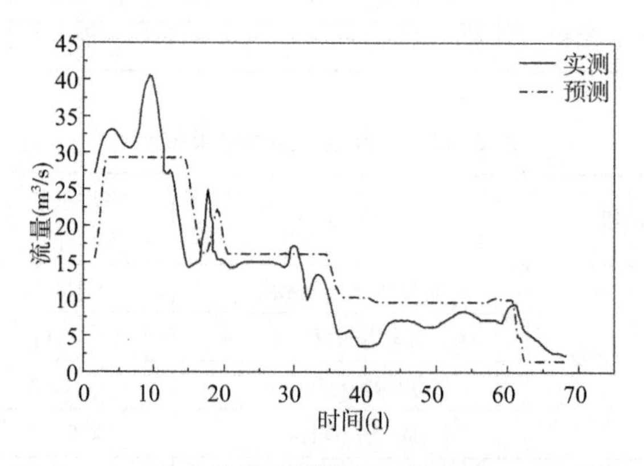

图 5-16 三家店流量过程模拟结果(官厅—三家店段)

(2) 官厅—邵七堤段

设定官厅—邵七堤段槽蓄量为 2 600 万 m^3，水头传播时间为 6 天。由实测数据推求官厅—邵七堤段的总量为 2 473.5 万 m^3，损失模型模拟结果为 2 679.15 万 m^3，模拟误差为 205.65 万 m^3，模拟相对误差为 8.31%，模拟邵七堤流量过程如图 5-17 所示。

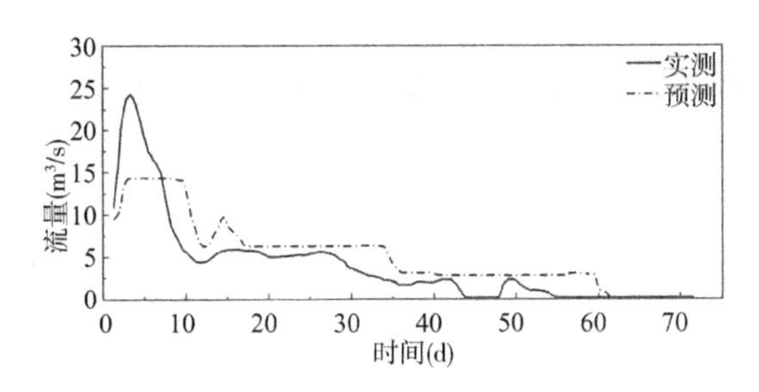

图 5-17　邵七堤流量过程模拟结果(官厅—邵七堤段)

(3) 官厅—固安段

设定卢沟桥—固安段槽蓄量为 1 300 万 m^3,水头传播时间为 5 天。由实测数据推求卢沟桥—固安段的总量为 3 745.37 万 m^3,损失模型模拟结果为 3 274.34 万 m^3,模拟误差为－471.03 万 m^3,模拟相对误差为－12.58 %,模拟固安流量过程如图 5-18 所示。

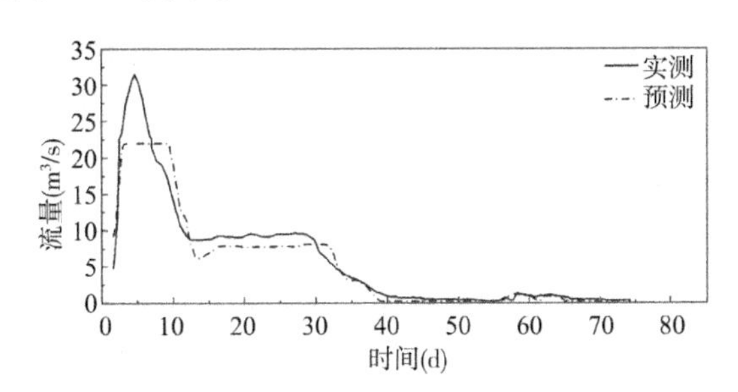

图 5-18　固安流量过程模拟结果(官厅—固安段)

(4) 卢沟桥—固安段

设定卢沟桥—固安段槽蓄量为 900 万 m^3,水头传播时间为 4 天。由实测数据推求卢沟桥—固安段的总量为 3 745.37 万 m^3,损失模型模拟结果为 3 336.51 万 m^3,模拟误差为－408.86 万 m^3,模拟相对误差为－10.92 %,模拟固安流量过程如图 5-19 所示。

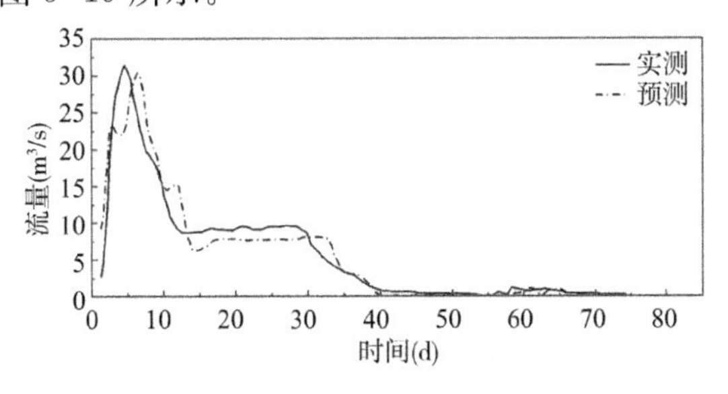

图 5-19　固安流量过程模拟结果(卢沟桥—固安段)

5.1.6 考虑取用水过程的地表-地下水耦合模拟模型

5.1.6.1 模型功能及建模范围

1. 模型功能

在人类活动剧烈的地区，人类活动对流域径流的影响甚至大于气候变化对径流的影响。其中人类取用水活动通过人工用水、耗水、排水等过程直接改变了流域天然水循环过程，因此，取用水因素对流域水循环过程的模拟有不可忽视的影响。许多大规模地下水抽取和跨流域调水工程的实施，使得永定河流域地表水与地下水的交互更加频繁。本模型地表水模块，通过考虑人类活动取用水和水库调蓄对汇流过程的影响，对径流过程进行模拟。利用地表水模块模拟结果计算河道网格单元与地下水的交互水量并输入地下水模块，实现地表—地下水耦合。

2. 建模范围

地表水模块：官厅以上流域，共 25 个参数分区，46 个子流域，包括孤山、观音堂、新桥、固定桥、柴沟堡东、柴沟堡、张家口、钱家沙洼、石匣里等 17 个水文站断面，东榆林、册田、友谊、官厅等 8 个水库断面。

地下水模块：永定河流域平原区，包括桑干河、洋河、永定河北京段。

5.1.6.2 模型构建

1. 基本原理

1) 地表水模块

地表水模型构建采用具有物理机制的分布式水文模型 WetSpa（Water and Energy Transfer between Soil, Plants and Atmosphere Model），该模型以日为时间步长，同时为了处理非均匀性，模型在网格尺度上进行模拟。WetSpa 模型分为产流模块和汇流模块（图 5-20）。产流模块考虑了降水、截流、融雪、洼地、入渗、蒸散、渗流、地表径流、径流和地下水流等过程，采用多层模型来表示每个网格单元的水和能量平衡，在垂直方向分为 4 层，分别是植被冠层、地表层、土壤层和地下水含水层。降水在第一层植被冠层经过截留蒸发后，WetSpa 模型通过分析网格单元的土地利用、土壤类型、坡度、降雨强度和土壤前期含水量决定地表产流量。地表产流在满足地面填洼量后形成地表径流。下渗的部分会形成土壤水，随着土壤含水量的增加，土壤水或继续横向运动形成壤中流，或垂向下渗形成地下水。部分下渗的水量超过地下含水层储水量之后，会以地下径流的形式流出。地表径流、地下径流和壤中流共同组成了每个网格上的总径流量。

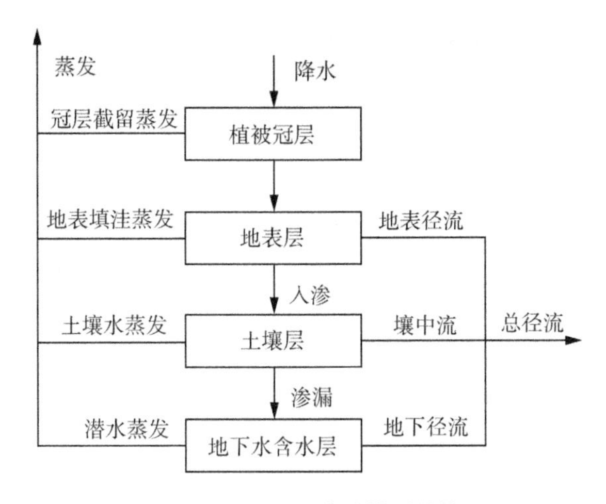

图 5-20 WetSpa 产流模型结构图

汇流模块根据DEM及流域划分结果推求出河道长度、坡度、宽度、底板导水系数、曼宁系数等信息，并利用汇流参数进行调整，最后以子流域为单元进行汇流计算。

2）地下水模块

地下水模块采用美国环境保护局（EPA）开发的 GMS 10. 4. 5，是目前国际上最先进的综合性的地下水模拟软件包。GMS（Groundwater Modeling System）是 Brigham Young University 环境模型实验室联合美国军队排水工作站研发的三维可视化地下水模拟软件。该软件采用模块化结构，综合了众多模型，比如 MODFLOW、MODPATH、MT3D、FEMWATER 等主要模块以及 MAP、GIS、TINs 等辅助模块。GMS 可以有限差分和有限单元两种方法进行水流、溶质运移模拟，功能强大，几乎涵盖了地下水的各个方面。

本次研究利用 GMS 10. 4. 5 软件中的 MODFLOW 模块构建地下水系统模型，MODFLOW 模块通过有限差分法进行地下水流数值模拟，它在空间上将研究区域剖分为若干单元格进行迭代计算，具有空间分析的功能。利用相关的地下水水位资料，通过插值可以求出整个研究区域的地下水流场，并对每个剖分的单元格中的地下水水位进行赋值，形成一个数组。通过计算求出研究时段内各单元格的时段末水位与时段初水位之差，并除以该时段的时长，便可求得研究时段内由各单元格地下水水位变动幅度 Δh 组成的数组，Δh 即为地下水水位的下降速率。这个数组在 GMS 中能通过地下水水位变动幅度等值线图的形式直观地表达出来。在地下水水位变动幅度等值线图中遵循相应的划分原则，根据 Δh 的不同划分相应基本平衡区、补给区和超采区，并求出各分区的面积。MODFLOW 模块用来模拟含水层系统，具有处于饱和流状态、适合 Darcy 定律、地下水密度保持恒定，以及水平水力传导率和导水系数的主流方向在整个含水层系统中保持不变的特点，应用于评价地下水资源量、优化灌溉抽水量等方面。因此，本模块与地表水模块的产、汇流模拟结合，采用 MODFLOW 模块实现永定河流域地下水模拟计算。

通过收集到研究区的实际地层概况，地质构造特征，水文地质参数，结合达西定律，地下水流动特征，将研究区地下水流模型概化为非均质、各向同性、空间三维结构、稳定地下水流系统，其数学模型公式为：

$$\frac{\partial}{\partial x}\left(K_h \frac{\partial h}{\partial x}\right)+\frac{\partial}{\partial y}\left(K_h \frac{\partial h}{\partial y}\right)+\frac{\partial}{\partial z}\left(K_z \frac{\partial h}{\partial z}\right)-W=0 \tag{5-40}$$

$$h=h_0(x,y,z),(x,y,z)\in\Omega \tag{5-41}$$

$$h\,|\Gamma_1=h_1(x,y,z),(x,y,z)\in\Gamma_1 \tag{5-42}$$

$$K\frac{\partial h}{\partial n}\,|\Gamma_2=q(x,y,z),(x,y,z)\in\Gamma_2 \tag{5-43}$$

式中：h 为水位，m；K_h 为水平方向渗透系数，m/d；K_z 为垂直方向渗透系数，m/d；W 为源汇项，m^3/d；$h_0(x,y,z)$为初始时刻水位，m；Ω 为模拟区；$h_1(x,y,z)$ 为一类边界上的已知水位函数；K 为三维空间上的渗透系数张量；$q(x,y,z)$ 为二类边界上已知流量函数；Γ_1 为第一类边界条件；Γ_2 为第二类边界条件。

式(5-40)为控制方程，式(5-41)为初始条件，式(5-42)为第一类边界条件(定水头边界)，式(5-43)为第二类边界条件(定流量边界)。

(1) 含水层概化

基于永定河流域的地形地貌、水文地质条件、气象资料、概化永定河流域地下水系统的边界条件、含水层结构及补给、径流及排泄条件，构建非均质、各向同性的永定河流域三维地下水流运动模型，对研究区搜集到的钻孔、剖面等水文地质调查资料进行分析，并结合前人的研究成果，发现研究区西高东低，地表大部分为第四纪松散沉积物质覆盖的草原地貌，小部分为基岩裸露区。根据实际模拟条件需要，本次地下水模拟只对研究区范围内潜水地下水水量进行模拟，因此，将模型垂向概化为一层即地表第四系潜水含水层。

研究区地表高程采用 30 m 精度的 DEM 地形图，通过 DEM 数据导出该地区地表等高线值，结合该地区钻孔资料、水文地质剖面图以及潜水钻孔资料确定该模型潜水含水层的厚度，进而确定潜水含水层底板高程值。

(2) 降水入渗补给率

降水入渗补给率由降水量与降水入渗系数的乘积所得，是指降雨补给地下

水的量。根据钻孔资料确定各分区的降水入渗系数。根据水文站及遥感降雨数据，计算各个分区的降雨补给量。ERA5 是欧洲中期天气预报中心(ECWMF)推出的第五代再分析产品，提供了大量的海洋气候和每小时的气候变量。ERA5 数据覆盖地球，数据集中包含 200 多个参数，提供了大量的逐小时的大气、陆地和海洋气候变量。该数据基于改进的三维变分技术，拥有时空分辨率高、更新快、参数多等优点，受到了人们的广泛关注。NetCDF(Network Common Data Form)是一种网络通用的数据格式，文件最初应用于贮存气象数据，由于其灵活性，能够传输海量的面向阵列(Array-oriented)数据，目前广泛应用于大气科学、水文、海洋学、环境模拟、地球物理等诸多领域。目前大部分的气象资料均为 NetCDF 格式。本项目降水数据是在 https://cds.climate.copernicus.eu 网站上获取的自 1955 年至今的 ERA5 - land 空间分辨率为 0.1°×0.1° 的每小时 NetCDF 格式的降水数据，数据主要包括总降水数据和不包括海洋在内的开阔水面蒸发数据，下载时间间隔为 2021 年 1 月至 2022 年 12 月，之后通过 MATLAB 对气象数据按照经纬度和时间进行提取，获取研究区中每个分区不同时间的降水和蒸发数据以驱动构建地下水流模型的补给和排泄。

降水入渗量的多少，除受地表岩性等地质条件影响外，还与有效降水量有关。根据浅层地下水动态资料，有效降雨量为 10%～20%，计算公式如下：

$$Q_{降水}=\sum_{i=1}^{12}0.1\alpha R_iF \tag{5-44}$$

式中：R_i 为第 i 月降水量，mm/月；α 为均衡区的降水入渗系数，取 0.1～0.3；$Q_{降水}$ 为降水入渗补给量，$10^4\ m^3/a$。

(3) 地下水侧向径流量

根据达西定律，永定河流域各个断面的侧向量按如下公式计算：

$$Q_c=KIBMT \tag{5-45}$$

式中：Q_c 为地下水侧向量，$10^4\ m^3/a$，正为流入量，负为流出量；K 为断面附近的含水层渗透系数，m/a；I 为垂直于断面的水力坡度；B 为断面宽度，10^4 m；M 为含水层厚度，m；T 为时间，a。本次模拟采用等效渗透系数法初步计算边界的渗透系数，水力梯度根据地下水的实际流场来确定，时间 T 为每个应力期的时间段长度。利用达西定律初步确定边界各断面的流量，最后再通过地下水流数值模拟进行校正。

(4) 潜水蒸发量

潜水蒸发应用阿维里扬诺夫斯基经验公式：

$$Q_e = \varepsilon F(1 - \Delta/\Delta_0)^n \tag{5-46}$$

式中：Q_e 为潜水蒸发量，m^3/a；ε 为蒸发强度，mm/a；Δ 为潜水水位埋深，m；Δ_0 为潜水蒸发的极限埋深，m；F 为计算面积，m^2；n 为岩性相关系数。本区最大蒸发埋深为 4 m，当潜水埋深大于 4 m 时，其蒸发量可以近似概化为 0。

蒸发数据同样使用从欧洲中期天气预报中心（ECWMF）获得的 NetCDF 格式的不包括海洋在内的开阔水面蒸发数据进行 MATLAB 分析，按照经纬度和时间对气象数据进行提取，从而获取研究区的蒸发数据。并导入 GMS 中进行差值计算。

（5）渗透系数

桑干河流域水平渗透系数分布为 1～60 m/d，洋河流域渗透系数分布为 3～94.8 m/d，定义垂直渗透系数与水平渗透系数的比值为 0.1，因此垂直渗透系数不单独划分区域。

给水度是指含水层的释水能力，表示单位面积的含水层，当潜水面下降一个单位长度时在重力作用下所能释放出的水量。给水度数值上等于释出的水的体积与释水的饱和岩土总体积之比。在稳定流计算中，给水度对于模拟结果的影响不大。给水度初值的范围是 0.1～0.29，如表 5-15 所示。

表 5-15　永定河地下水模块相关参数初值范围表

水平渗透系数(m/d)	垂直渗透系数(m/d)	给水度	降水入渗补给率(m/d)	最大蒸发速率(m/d)
4.5～100	0.45～10	0.02～0.3	0.000 04～0.001 768	0.000 3～0.013 75

（6）侧向补给边界概化

永定河上游流域侧向边界的概化主要是根据研究区地下水分布特征、地下水流动特征、地形地貌等条件来进行综合的判断。研究区四周主要为山地，通过流域分区确定研究区边界主要为定水头边界，只有在朔州市、张家口市及北京市部分边界处为定流量边界。山区大部分地区是裂隙水，且地下水数量及其稀少，很容易造成大范围区域疏干等问题。整个永定河流域，进行地下水模拟时主要研究内容是第四系孔隙水，故需要将分离出去，在山西、河北一带留下桑干河、洋河流域的山间平原，此时需要重新定义边界，计算侧向补给量。

永定河下游流域由于包括三峡部分（此段区域地形崎岖不平），难以模拟，故剖去此段分为上下两部分，三峡上部分外侧为定流量边界，依据降雨侧向补给计算，下侧为普通边界。三峡下部分上端为定流量边界，流量根据三家店闸门水量计算，外侧为定边界。

2. 构建过程

基于永定河流域历史逐日水文气象数据、水库数据、取用水数据，依托WetSpa模型，通过考虑区间取用水和水库调蓄等高强度人类活动对汇流过程的影响，在WetSpa水文模型中引入人类活动取用水量和水库蓄水量实时监测数据。首先，构建分别以网格和子流域为计算单元的产、汇流模型；然后，将水库和水文站作为控制点划分模型的参数分区，并利用取用水测站的地理信息与模型划分的子流域进行空间上的对应匹配；最后设计数据接口将日总取用水量和水库蓄变量接入汇流模块，进行子流域出口断面的径流系列过程模拟，从而完成多源数据驱动下的水资源开发利用过程与天然水循环的耦合，进而对径流过程进行模拟。利用WetSpa模拟结果计算河道网格单元与地下水的交互水量并输入地下水模块，实现地表-地下水耦合。

WetSpa主要分为产流过程和汇流过程两部分，通过考虑取用水过程和水库调蓄过程，对径流量进行模拟(图5-21)。地表-地下水耦合是利用WetSpa模拟

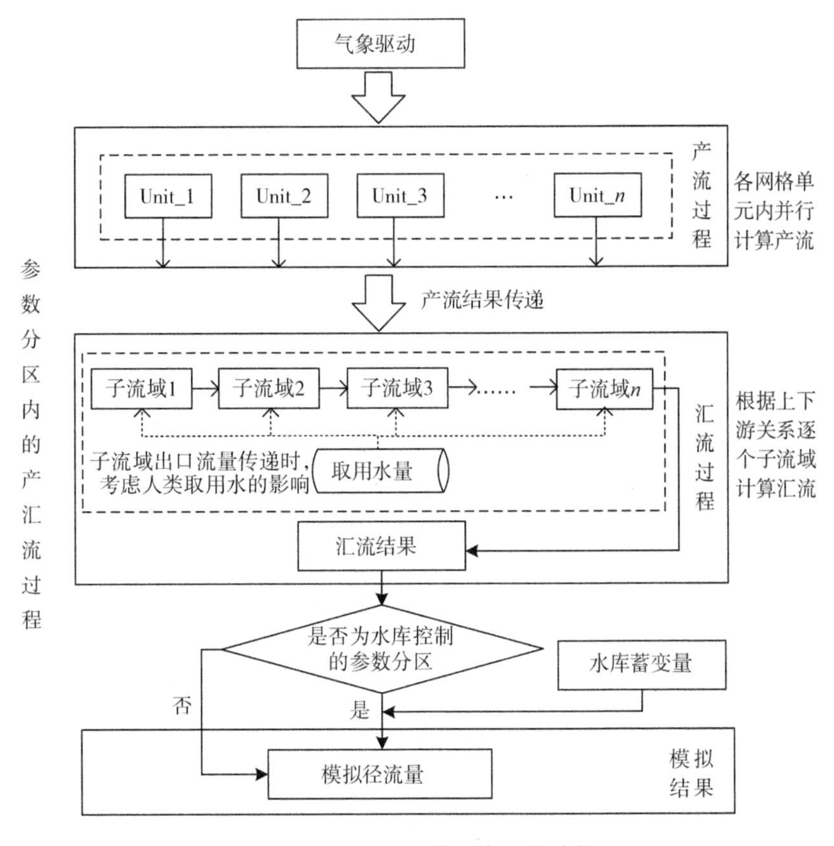

图5-21 WetSpa模型产汇流过程

的径流结果计算河道网格单元与地下水的交互水量,并输入地下水模型,通过地下水位监测数据对模型参数进行校正,获得浅层含水层以及深层含水层的水位变化分布数据。

在地下水建模方面,首先要分析当地水文地质条件,建立水文地质概念模型,永定河流域在北京以上区域,多为山区,山区地质条件复杂,多为裂隙水,建模主要部分为山间平原第四系孔隙水,而永定河北京段为平原区,建模较为容易。继而用 GMS 建立永定河流域数值模型,模拟当地地下水水位与水量情况,整个建模过程如图 5-22 所示。主要内容分为以下几个方面:

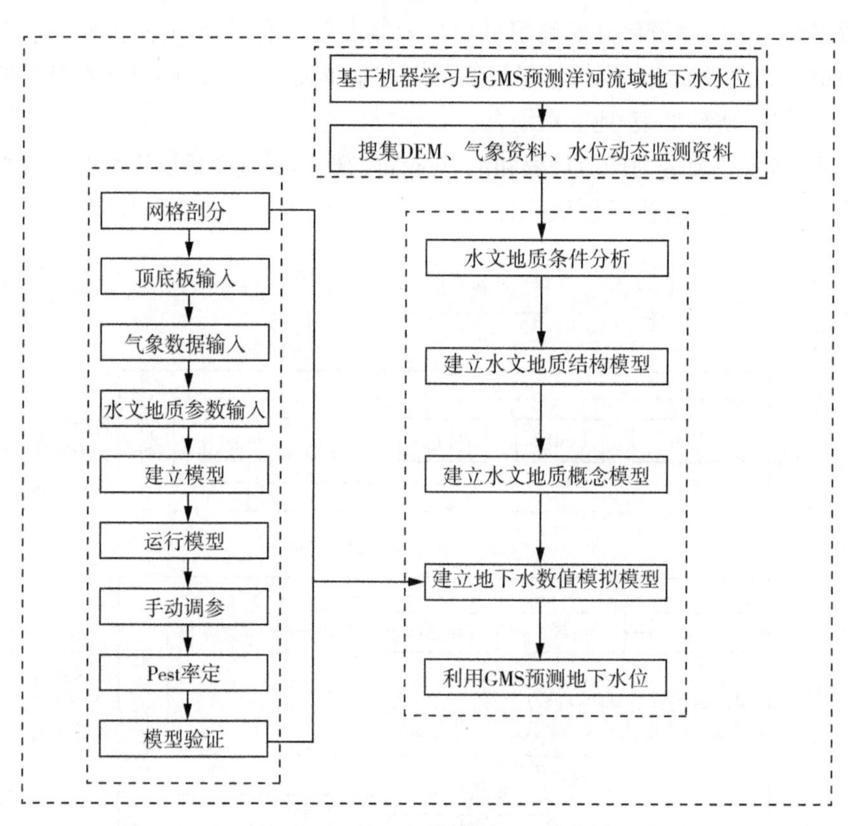

图 5-22　地下水部分建模示意图

(1) 研究已收集到的资料的前人研究成果,查明工作区的水文地质条件,分析区域内地下水的补径排特征,基于地质结构、钻孔,构建水文地质概念模型。

(2) 基于 GMS 地下水模拟软件,建立 2020 年 1 月到 2020 年 12 月现状条下永定河流域山间平原洋河段地下水数值模型,结合流场拟合,对模型进行识别验证。

(3) 基于已建立的地下水流数值模型，利用 2021 年地下水水位数据对模型进行验证，并调参率定。

(4) 在验证模型的基础上，改变输入参数条件，预测地下水水位。

3. 模型输入与输出

考虑取用水过程的地表-地下水耦合模拟模型输入数据包括水文气象数据、地下水数据和取用水数据，输出数据为各关键断面的逐日模拟径流量(表 5-16)。

表 5-16 考虑取用水过程的地表—地下水耦合模拟模型输入输出表

名称	输入	输出	计算单元	计算时间步长	输出结果时间步长
考虑取用水过程的地表-地下水耦合模型	水文气象数据：断面径流、水库出入库、降水、蒸发数据	径流量 地下地表水交换量	网格 网格	逐日 逐月	逐日 逐月
	地下水数据：地下水水位、埋深数据				
	取用水数据：各取用水测站监测数据				

(1) 水文气象数据

径流、出入库、降水、蒸发等数据，包括各水文站、水库、气象站、雨量站的逐日监测数据。

(2) 地下水数据

包括各地下水测站的逐日地下水水位、埋深监测数据。

(3) 取用水数据

包括各取用水测站逐日监测数据。

5.1.6.3 模型验证及精度分析

1. 模型率定

(1) 地表水模块参数率定

WetSpa 模型的参数大部分是分布式的，分布式参数在每个计算单元保持独立，其他参数则采用相同的值，共包括 6 个全局参数、11 个产流参数和 4 个汇流参数(表 5-17)。主要采用动态维度搜索(The Dynamically Dimensioned Search Algorithm, DDS)算法对产流参数中的修正系数及汇流参数进行优化，采用相对偏差(RB)作为参数优化目标函数。

表 5-17　WetSpa 模型参数

类型	参数含义	取值范围
全局参数	壤中流形状指数(ki_sub)	0.5～2
	地下水形状指数(kg_tot)	0.001～0.05
	融雪温度(T0)	0.1～0.9
	温度度-日系数(k_rain)	0.000 1～0.001
	降雪度-日系数(k_snow)	0.1～2
	最大雨强(p_max)	100～500
产流参数	坡度修正系数(UnitSlopeM)	0.3～10
	土壤饱和导水率修正系数(ConductM)	0.5～15
	土壤孔隙度修正系数(PoreIndexM)	0.3～1.5
	最大叶面积指数修正系数(LaiMaxM)	0.5～1.5
	填洼修正系数(DepressM)	0.3～5
	根深修正系数(RootDpthM)	0.3～1.5
	最大冠层截留能力修正系数(ItcmaxM)	0.3～5
	不透水面积比例修正系数(Imp_M)	0～2
	蒸发修正系数(petm)	0.5～1
产流参数	土壤空隙率修正系数(PorosityM)	0.05～0.9
	土壤田间持水率修正系数(FieldCapM)	0.05～0.9
汇流系数	子流域主河道坡度修正系数(CH_S2)	0.3～10
	子流域主河道长度修正系数(CH_L2)	0.5～2
	子流域主河道曼宁糙率系数修正系数(CH_N2)	0.3～3
	子流域主河道河床底板导水系数修正系数 (CH_K2)	0.3～3

$$RB = \frac{\sum_{t=1}^{T}(Q_m^t - Q_0^t)}{\sum_{t=1}^{T} Q_0^t} \tag{5-47}$$

式中：Q_m^t 为 t 时刻流量模拟值；Q_0^t 为 t 时刻流量实测值；RB 为流量模拟值与实测值的相对误差。RB 越接近 0，表示相对误差越小，模拟精度越高。$|RB|<25\%$时可以认为模拟结果达到满意等级。

(2) 地下水模块参数率定

按照上述 GMS 软件设计步骤，建立的永定河流域地下水流数值模型，可能不能十分准确地反映永定河上游流域实际的地下水流系统运动规律，通过模型

参数率定，可以帮助我们去调整模型的各项水文地质参数和模型的计算参数，目的是让模型在运算前更能真实地反映研究区的实际情况，使得在初始条件下，模型的模拟参数与实际参数相差不大，使得模拟的实际结果更加具有科学性与说服力，可以更好的反求模型中的各种参数。

本次参数率定所用工具为 PEST(Parameter Estimation)，PEST 是一个广泛适用的模型参数优化程序，在人工建模，调参率定的基础上，通过给定初始参数(表 5-18)，调用正模型，对比模型结果与观测值在参数给定的范围内调整参数，达到收敛条件后得到优化的参数值。

表 5-18 永定河地下水模型相关参数初值范围表

水平渗透系数(m/d)	垂直渗透系数(m/d)	给水度	降水入渗补给率(m/d)	最大蒸发速率(m/d)
4.79～90.45	0.48～9.04	0.02～0.33	0.000 02～0.001 8	0.000 2～0.014

PEST 反演算法原理假设模型系统可以表示为：

$$\boldsymbol{c}_0 = M(\boldsymbol{b}_0) \tag{5-48}$$

式中：函数 M 表示估计参数 $\boldsymbol{b}_0$(VG 参数，n 维向量)映射到模型计算的状态变量 $\boldsymbol{c}_0$(由 VG 方程计算得到含水量，m 维向量)之间的非线性函数关系；用向量 $\boldsymbol{b}$ 表示参数的真值，$\boldsymbol{c}$ 表示系统状态变量的观测值。由泰勒展开，忽略高阶项近似得到：

$$\boldsymbol{c} = \boldsymbol{c}_0 + \boldsymbol{J}(\boldsymbol{b} - \boldsymbol{b}_0) \tag{5-49}$$

其中：$\boldsymbol{J}$ 是函数 M 的雅可比(Jacobian)矩阵，这一矩阵包括 m 行 n 列，即 J_{ij} 表示第 i 个状态变量对应于第 j 个参数的微分。

目标函数定义如下：

$$\varphi = [\boldsymbol{c} - \boldsymbol{c}_0 - \boldsymbol{J}(\boldsymbol{b} - \boldsymbol{b}_0)]^{\mathrm{T}} \boldsymbol{Q} [\boldsymbol{c} - \boldsymbol{c}_0 - \boldsymbol{J}(\boldsymbol{b} - \boldsymbol{b}_0)] \tag{5-50}$$

式中：对角矩阵 $\boldsymbol{Q}$ 是 m 维单位矩阵，对角元素 q_{ii} 是样品第 i 个观测状态变量权重 w_i 的平方。

在向量($\boldsymbol{c} - \boldsymbol{c}_0$)即模型计算的观测值 $\boldsymbol{c}_0$ 与实验得到的观测值之间差值的基础上可以计算出相应的参数增量($\boldsymbol{b} - \boldsymbol{b}_0$)，用 $\boldsymbol{u}$ 来表示($\boldsymbol{b} - \boldsymbol{b}_0$)，则

$$\boldsymbol{u} = (\boldsymbol{J}^{\mathrm{T}} \boldsymbol{Q} \boldsymbol{J})^{-1} \boldsymbol{J}^{\mathrm{T}} \boldsymbol{Q} (\boldsymbol{c} - \boldsymbol{c}_0) \tag{5-51}$$

对于非线性问题，全局最小值往往比较难以找到，常常只能得到局部最小值，因此，当初始的 $\boldsymbol{b}_0$ 越接近真实 $\boldsymbol{b}$ 时，迭代的运算量越小，目标函数越容

易达到全局最小值；对于大型模型，采用较好的初值 $\boldsymbol{b}$ 能显著地减少运算量。

式(5-51)可以写成如下形式：

$$\boldsymbol{U}=(\boldsymbol{J}^{\mathrm{T}}\boldsymbol{Q}\boldsymbol{J})^{-1}\boldsymbol{J}^{\mathrm{T}}\boldsymbol{Q}\boldsymbol{r} \tag{5-52}$$

式中：$\boldsymbol{r}$ 是模型计算的观测值 $\boldsymbol{c}_0$ 与实验得到的观测值 $\boldsymbol{c}$ 之间的差值的向量。

在所求参数形成的多维空间中，将目标函数 φ 的梯度定义为向量 $\boldsymbol{g}$，则 $\boldsymbol{g}$ 的第 i 个元素可以表示为目标函数 φ 关于第 i 个参数的偏导数：

$$g_i=\frac{\partial\varphi}{\partial b_i} \tag{5-53}$$

参数增量 $\boldsymbol{u}$ 与上述梯度向量的负值所形成的夹角不能大于 90°，否则 $\boldsymbol{u}$ 会有一个沿着梯度向量的正方向的分量，从而新得到的参数会使目标函数值增加。

虽然 $-\boldsymbol{g}$ 定义了目标函数 φ 最陡的梯度方向，但是通常沿着 $-\boldsymbol{g}$ 的方向并非是最优的参数增加的方向，特别是在需要优化的参数之间具有很强的相关性时，全局目标函数最小值的收敛速度变得非常慢。通常情况下，在迭代的开始阶段，$\boldsymbol{u}$ 沿着略偏离 $-\boldsymbol{g}$ 的方向调整时，能达到更好的优化结果，因此在式(5-52)中常通过引入“Marquardt 参数”达到较好的效果：

$$u=(\boldsymbol{J}^{\mathrm{T}}\boldsymbol{Q}\boldsymbol{J}+\lambda\boldsymbol{I})^{-1}\boldsymbol{J}^{\mathrm{T}}\boldsymbol{Q}\boldsymbol{r} \tag{5-54}$$

其中：λ 为 Marquardt 参数，$\boldsymbol{I}$ 为单位矩阵。当 $\lambda\to\infty$，$\boldsymbol{u}$ 将沿着梯度最陡的方向变化，当 λ 为零时，式(5-54)变为式(5-52)，即变为 Gauss-Newton 的算法。因此对于初始的迭代过程，常常给定较大的 λ 值；当 φ 逐渐接近最优值时，逐渐降低 λ 。

传统的反演方法为各分区为均值的传统分区方法(zonation method)，这种方法通常将模拟区域划分为 N 个均值(homogeneous)的子区域，通过降低目标函数，优化每个子区域的水力参数，本次参数率定采用 polit points 方法，与传统的分区参数率定相比，polit points 方法可以更快更准确地达到模型收敛条件，并且更加贴近模型所反映的实际情况。

2. 精度分析

(1) 地表水模块模拟结果

以东榆林断面为例，将 2014—2016 年作为模型率定期，2017—2020 年作为

验证期，率定期 RB 为－0.04，验证期 RB 为－0.21，均在25%的合理误差内，说明模型可以用来模拟永定河流域径流过程。

采用率定好的参数，结合气象站历史数据，模拟出东榆林、新桥、固定桥、册田、石匣里、响水堡、八号桥、官厅共8个断面1961—2020年共60年逐日径流过程和逐月径流过程，可以为径流预报模型提供长系列径流数据支持。详见图5-23、图5-24。

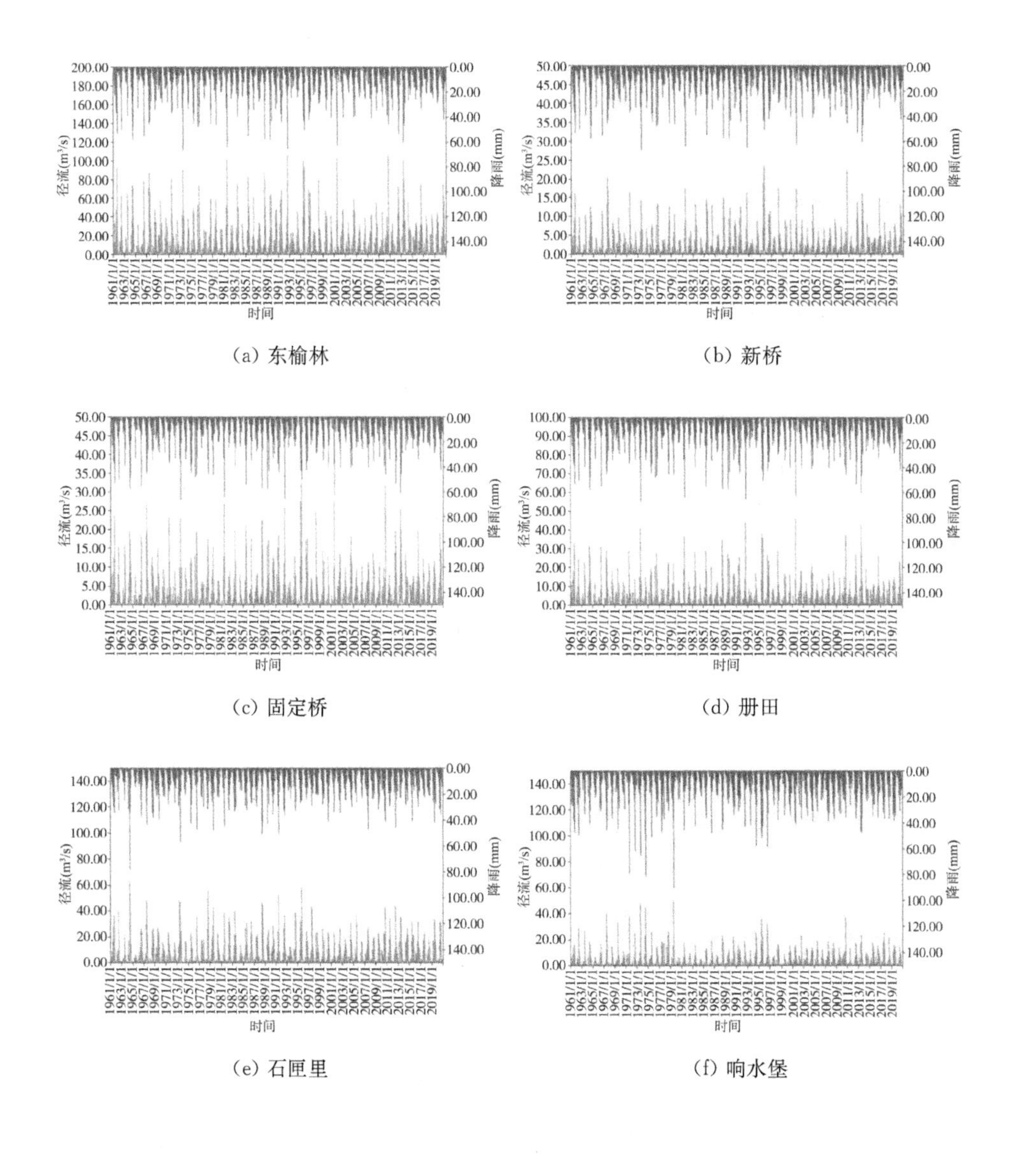

(a) 东榆林　(b) 新桥

(c) 固定桥　(d) 册田

(e) 石匣里　(f) 响水堡

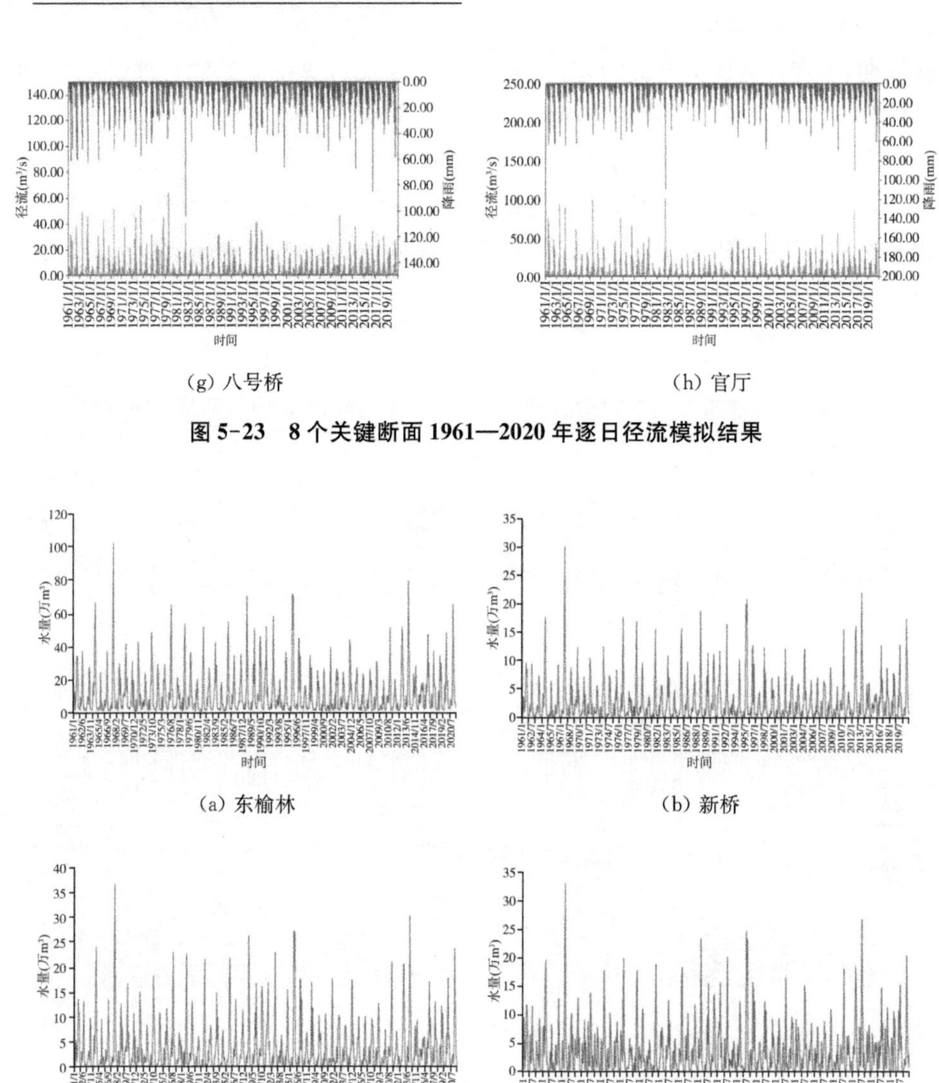

(g) 八号桥

(h) 官厅

图 5-23　8 个关键断面 1961—2020 年逐日径流模拟结果

(a) 东榆林

(b) 新桥

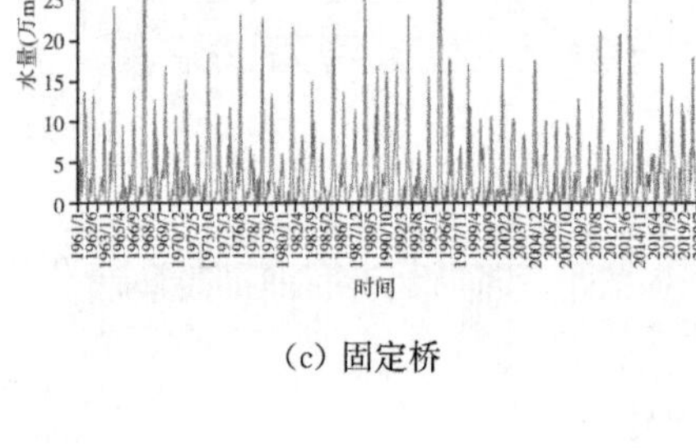

(c) 固定桥

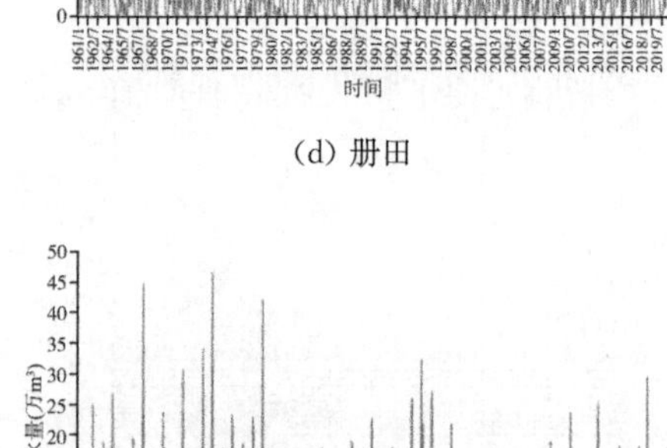

(d) 册田

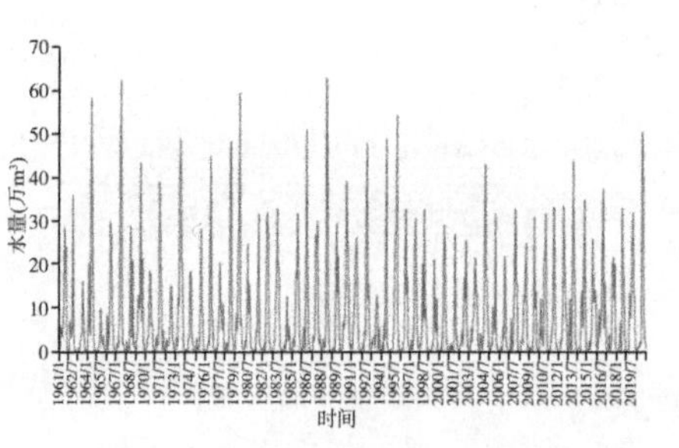

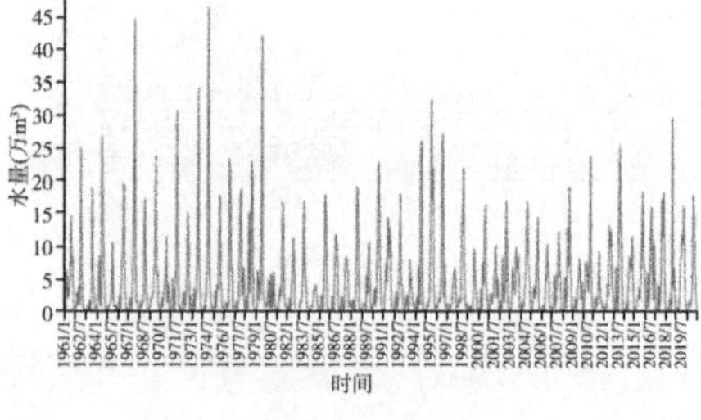

(e) 石匣里

(f) 响水堡

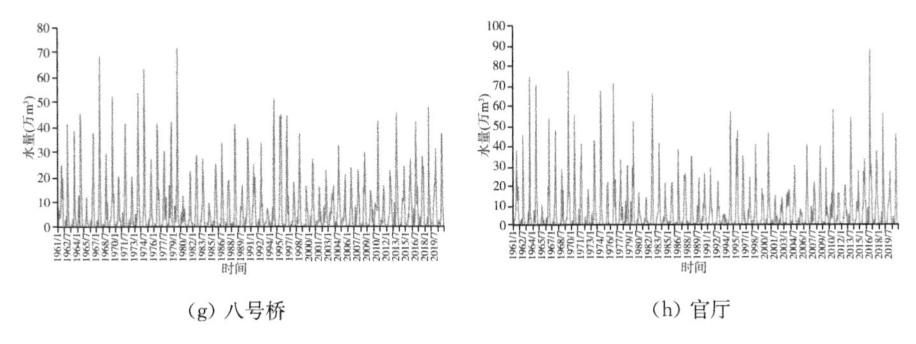

(g) 八号桥　　　(h) 官厅

图 5-24　8 个关键断面 1961—2020 年逐月水量模拟结果

(2) 地下水模块模拟结果

非稳定流每个月定位一个应力期,3 天一个时间步长,模拟时间为 2021 年 1 月—2022 年 9 月,共计 21 个应力期。通过永定河流域已有的观测井的地下水位实测数据,与 GMS 软件模拟出观测孔的地下水位数据进行对比,根据对比数据的拟合程度可以判断模型的模拟结果是否准确。从总的效果上来看,数据拟合对比实际效果有两种情况:①实测数据与模拟数据水位变化特征和变化趋势都十分接近,说明模拟结果是成功的,可信度较高;②实测水位数值与模拟数据水位变化特征有一点差别,但实测数据与模拟数据的差别值是在误差允许范围内的,并且实测数据与模拟数据的变化趋势一致,这也可以说明数值模拟具有较高的可信度。这两种数据对比情况都可以较好反映永定河流域地区地下水的实际流动情况。

5.1.7　永定河生态补水效果评估模型

5.1.7.1　模型功能及建模范围

1. 模型功能

根据年度生态水量调度计划和年内生态水量调度实施方案的年度调度目标,从通水河长、通水时长等方面总结年度生态水量目标完成情况。结合实际补水过程,分析生态水量调度方案执行情况。

2. 建模范围

评价范围参照《总体方案(修编)》重点治理范围,确定为永定河京津冀晋四省(市)涉及的相关区域,重点治理河道范围为永定(新)河干流及桑干河东榆林水库以下河段、洋河友谊水库以下河段(含主要水库)。山区段以河道两岸第一道山脊线之间、平原段以河道两侧 1～2 km 为重点治理范围。

5.1.7.2 模型构建

1. 单指标评价

1）水量指标

根据《河湖生态环境需水计算规范》(SL/T 712—2021)，河流生态环境需水量为维持河流生态环境功能而需要保留在河道内的水量，其中，维持河流生态环境功能不丧失所需要的最小水量为基本生态环境需水量。对于河流控制断面的生态环境需水量，可用年内不同时段值和全年值方式表述。本次评价指标选取了生态基流满足度、生态水量满足度 2 个指标。

(1) 生态基流满足度

生态基流指为维持河流基本形态和基本生态功能，即防止河道断流，避免河流水生生物群落遭受到无法恢复破坏的河道内最小流量，对生态修复意义重大。

生态基流满足度定义为统计的单位时间内，实测流量大于生态流量目标的数量占评价总数量的比值，是对流量过程生态基流的满足程度评估，公式如下：

$$I_{eq}=\frac{\sum_{k=1}^{N}\mathrm{Sgn}(q_s-q_e)}{N}\times 100\% \tag{5-55}$$

$$\mathrm{Sgn}(q_s-q_e)=\begin{cases}1, q_s-q_e\geqslant 0\\0, q_s-q_e<0\end{cases} \tag{5-56}$$

式中：I_{eq} 为生态基流满足度，%；N 为统计总月数或天数，月或天；q_s 和 q_e 分别为实测流量和生态基流目标，m^3/s。

以《总体方案（修编）》复核论证的河流生态环境需水量为标准，评估桑干河册田水库、石匣里，洋河响水堡，永定河官厅水库控制站月均流量满足度。评估标准见表 5-19。

表 5-19　永定河主要控制站生态基流目标统计表　　单位：m^3/s

控制站	1月	2月	3月	4月	5月	6月	7月	8月	9月	10月	11月	12月
册田水库	0.91	1.12	2.69	1.92	1.29	2.65	5.31	6.77	3.66	1.84	1.39	0.97
石匣里	1.40	1.66	4.46	2.79	2.02	4.42	7.98	10.21	6.22	3.01	2.13	1.54
响水堡	0.70	0.77	2.34	2.10	1.79	3.68	4.41	5.91	4.15	1.86	1.62	0.82
官厅水库	2.05	2.42	6.18	4.55	3.50	7.63	12.67	16.54	9.65	4.45	3.46	2.34

(2) 生态水量满足度

生态水量满足度为评估控制站实测年径流量占生态水量目标的百分比。为方便评估补水期或全年生态水量满足度，采用评估控制站评估时段（全年或补水期）平均流量占年均流量目标百分比的方法进行评价。

$$I_{ui} = \frac{u_i}{u_{oi}} \times 100\% \tag{5-57}$$

式中：I_{ui} 为生态水量满足度，%；u_i 为第 i 个控制站评价期平均流量，m^3/s；u_{0i} 为第 i 个控制站评价期目标流量平均值，m^3/s。

生态水量目标以《总体方案（修编）》复核论证的河流生态环境需水量为标准，桑干河册田水库、石匣里，洋河响水堡，永定河官厅水库 4 个控制站分别维持生态基流 2.5 m^3/s、3.9 m^3/s、2.5 m^3/s、6.2 m^3/s。

2）水质指标

水质指标选取了Ⅰ～Ⅲ类水质河长比例和重要湖库富营养化指数 2 个指标。

(1) Ⅰ～Ⅲ类水质河长比例

Ⅰ～Ⅲ类水质河长比例是水质等于及优于Ⅲ类的河长占评价河长的比例，用来反映评价范围水质优良河流的整体状况。计算公式如下：

$$RL = rl_{\leqslant Ⅲ} / Nrl \times 100\% \tag{5-58}$$

式中：RL 为待评价范围水质等级及优于Ⅲ类河长占评价河长的比例，%；$rl_{\leqslant Ⅲ}$ 为待评价范围水质等级等于及优于Ⅲ类河长，km；Nrl 为待评价范围河流总长度，km。

水质评价方法及标准参照《地表水环境质量标准》(GB 3838—2002)，评价方法采用单指标法，即根据评价时段内该断面参评的指标中类别最高的一项来确定。评价项目包括溶解氧、高锰酸盐指数、COD、BOD_5、氨氮、总磷、挥发酚、氟化物、氰化物、砷化物、硫化物、石油类、汞、铬（六价）、铅、镉、铜、锌等。

(2) 重要湖库平均营养化指数

湖泊、水库的富营养化是指湖泊、水库水体环境在自然因素和（或）人类活动的影响下，大量营养盐通过运移输入湖泊、水库水体，使湖泊、水库逐渐由生产力水平较低的贫营养状态向生产力水平较高的富营养状态变化的一种现象。湖库富营养化指数是湖库营养化程度的理化和生物学数值上的反映，反映湖库的营养化程度。

富营养化评价根据《地表水资源质量评价技术规程》，分为贫营养、中营养和富营养三个等级。将参数浓度值转换为评分值，几个评价项目评分值取平均值，用求得的平均值再查表得到营养状态等级。营养状态等级判别方法：0≤指数≤20，贫营养；20<指数≤50，中营养；50<指数≤60，轻度富营养；60<指数≤80，中度富营养；80<指数≤100，重度富营养。

计算湖库营养化指数 EI，公式如下：

$$EI=\sum_{n=1}^{N_n}\frac{En}{N_n} \tag{5-59}$$

式中：EI 为湖库富营养化指数，无量纲；E_n 为评价项目赋分值，分，N_n 为评价项目个数，个。

永定河生态补水效果评估的主要湖库包括友谊水库、册田水库和官厅水库3座大型水库。

3）水域空间指标

水域空间评价指标选取水域面积保留率1个指标。利用高分一号、高分一号B/C/D、高分二号、高分六号、资源三号01/02/03、资源一号05等10颗空间分辨率优于2 m的国产卫星遥感影像，通过解译，统计水面面积。水域面积保留率计算公式如下：

$$I_{cwa}=\frac{A_c}{A_0}\times 100\% \tag{5-60}$$

式中：I_{cwa} 为补水后水域面积保留率，%；A_c 为补水后水面面积，km^2；A_0 为近年较好时期水域面积，km^2。

水域面积保留率评价范围为补水期三家店以下平原段所形成水面。经调查分析，近年较好时期的水域面积选取2022年秋季生态补水后平原段形成的水面面积，即38.04 km^2。

4）水系连通性指标

水系连通性评价选取通水河长比例和全线流动天数比2个指标。

（1）通水河长

通水河长为补水后重要河段流动通水的河长，永定河重要河段分布情况见表5-20。

表5-20　永定河重要河段通水河长情况

河流	河段范围	长度(km)
洋河	友谊水库至朱官屯	162

续表

河流	河段范围	长度(km)
桑干河	东榆林水库至朱官屯	334
永定河	朱官屯至屈家店	307
永定新河	屈家店至永定新河防潮闸	62
合计		865

(2) 全线流动天数

根据《总体方案(修编)》,到2025年,三家店河道实现全年流动,三家店以下平原河道实现全年有水、流动时间不少于三个月。因此,开展永定河重要河段全线流动天数评估。

全线流动天数 D_f 为评估年份重要河段河流流动的累计天数。

5) 生境指标

生境评估选取地下水位回升量、岸带植被覆盖度、地下水水位累计回升量、鱼类生物损失指数4个指标。

(1) 补水期地下水水位回升量

生态补水对地下水生态环境起到重要作用,地下水水位回升是生境评价重要指标。根据观测井距离河道距离,分别对距河道0～3 km、3～6 km和6～10 km范围内的观测井平均水位回升情况进行统计。平均水位回升量计算公式如下:

$$\overline{\Delta H}=\frac{\sum_{i=1}^{n}(H_i-H_{0i})}{n} \tag{5-61}$$

式中:$\overline{\Delta H}$ 为某一范围内地下水位回升量,m;H_i 为第 i 个观测井补水后地下水水位,m;H_{0i} 为第 i 个观测井补水前地下水水位,m。

(2) 地下水水位累计回升量

地下水水位累计回升量是指永定河综合治理与生态修复实施以来,以2017年1月地下水位为基准,平原区地下水水位回升情况。

地下水水位平均回升量计算方法见下式:

$$\overline{\Delta H_2}=\frac{\sum_{i=1}^{n}(H_{2i}-H_{20i})}{n} \tag{5-62}$$

式中：H_{20i} 为第 i 个监测井 2017 年 1 月地下水水位，m；H_{2i} 为第 i 个监测井评价年 12 月地下水水位，m；$\overline{\Delta H_2}$ 为评价年地下水水位平均累计回升量，m。

(3) 岸带植被覆盖度

首先确定岸滨带及滩地范围。本评估平原河段基本以河流堤坝为边界，山区河段以河流所在的山谷谷底为参考。在狭窄的山谷，以谷底作为范围区。在宽谷区，根据河流两岸的地表覆盖类型确定范围，范围内不包括自然村、铁路、高地。

岸边带植被覆盖度可以用岸边带植被面积与岸边带总面积的比值表征，计算公式如下：

$$I_{GC}=\frac{A_{GC}}{A_{CZ}}\times 100\% \tag{5-63}$$

式中：I_{GC} 为岸边带植被覆盖度，%；A_{GC} 为岸边带植被覆盖面积，km^2；A_{CZ} 为岸边带总面积，km^2。

(4) 鱼类保有指数

鱼类作为水生态系统中的顶级群落，是水生态系统的主要组成部分。鱼类的多样性和群落结构在很大程度上能反映河流的健康状态。鱼类保有指数指标计算公式如下：

$$FOEI=\frac{FO}{FE}\times 100\% \tag{5-64}$$

式中：$FOEI$ 为鱼类保有指数，%；FO 为评估河段调查获得的鱼类种类数量（剔除外来物种），种；FE 为历史记录鱼类种类数，种。

2. 综合评价

补水效果综合评价标准通过将综合评价指数分为优、良、中、差四个等级确定，综合评价指数通过指标评价体系及其权重确定。

1) 评价指标权重计算方法

关于确定权重的方法大概可以分为三类，一类是主观赋权法，主要是通过决策者个人的主观意愿、偏好或经验给出权重，代表方法有层次分析法(AHP)、德尔菲法、环比评分法等。一类是客观赋权法，主要是根据决策矩阵信息，采用数学模型的计算权重方法，代表方法有主成分分析法、CRITIC 法、熵权法、离差最大化法等。最后一类是主客观组合赋权法，兼顾和平衡主观意愿和客观特点的评价方法，主要有正态云组合权重方法、级差最大化组合赋权法等。

永定河生态补水效果评估以流域水生态环境作为研究评价对象，因此本评

估为保证水生态环境评价结果的客观性，保持评价结果原有的序列性，选定熵权法作为水生态环境指标权重的确定方法。

熵权法是基于指标数值的一种确定权重的评价方法，其客观定量计算各指标对应的熵值，进而得到各指标对应的熵权，权重计算见下文。

(1) 生成基础矩阵

假定选取 p 个样本的实际数据，分别为 $Z_i(i=1,2,\cdots,p)$，有 q 个待评价对象，分别为 $C_j(j=1,2,\cdots,q)$，构造出基本矩阵 $\boldsymbol{R}$：

$$\boldsymbol{R}=(r_{ij})_{p\times q} \tag{5-65}$$

式中：r_{ij} 为选取的第 i 个样本的第 j 个指标的实际值。

(2) 矩阵标准化

使用极差变换法将矩阵 $\boldsymbol{R}$ 进行标准化后得到标准矩阵 $\boldsymbol{U}$，正向指标标准化计算公式为：

$$u_{ij}=\frac{r_{ij}-r_{\min}}{r_{\max}-r_{\min}} \tag{5-66}$$

负向指标的标准化计算公式为：

$$u_{ij}=\frac{r_{\max}-r_{ij}}{r_{\max}-r_{\min}} \tag{5-67}$$

式中：$r_{\min}$ 和 $r_{\max}$ 分别为同一指标对应样本的可能最小值与最大值。

(3) 计算熵值

由传统的熵的概念可以得到各评价指标的熵的表达式为：

$$H_j=\frac{-(\sum_{i=1}^{p} f_{ij}\ln f_{ij})}{\ln p} \tag{5-68}$$

$$f_{ij}=\frac{u_{ij}}{\sum\limits_{i=1}^{p} u_{ij}} \tag{5-69}$$

因为，当 $f_{ij}=0$ 时，$\ln f_{ij}$ 无意义，故将其修正，定义为：

$$f_{ij}=\frac{1+u_{ij}}{\sum_{i=1}^{p}(1+u_{ij})} \tag{5-70}$$

(4) 计算客观权重

$$w_j = \frac{1 - H_j}{q - \sum_{j=1}^{q} H_j} \tag{5-71}$$

由上述步骤计算出不同样本的评价指标的客观权重 W:

$$W = (w_1, w_2, \cdots, w_p)^{\mathrm{T}} \tag{5-72}$$

$$\sum_{j=1}^{q} w_j = 1 \tag{5-73}$$

2) 综合评价方法

根据评价指标的权重计算方法,考虑到综合评价的各项指标均是独立的,采用指标标准化后的数值与权重相乘再相加的计算方式,得出评价指标的综合评价值,公式如下:

$$Z = \sum_{j=1}^{M} w_j \times \mathbf{W}_j \times 100 \tag{5-74}$$

式中:Z 为综合评价值;W_j 为第 j 个指标的指标值,其他同上。

3) 指标评价标准

(1) 水量指标

①生态基流满足度

生态基流满足度指标本身是百分比形式,因此,不再需要标准化。生态基流参与综合评价时,等级划分为:>95 为优,85~95 为良,70~85 为中,≤70 为差。

②综合生态水量满足度

生态水量满足度在参与综合评价时,若评价多个控制站,则根据各控制站流量的重要性,设定权重系数。

$$I_q = \sum_{i=1}^{n} f_i \times I_{ui} \tag{5-75}$$

式中:I_q 为综合生态水量满足度,%;f_i 为第 i 个控制站的权重系数,无量纲,$\sum f_i = 1$;I_{ui} 为第 i 个控制站生态水量满足度;n 为控制站个数。当 $I_{ui} > 1$ 时,结果取 1。

综合生态水量满足度等级划分为:>95 为优,85~95 为良,70~85 为中,≤70 为差。

（2）水质指标

①Ⅰ～Ⅲ类水质河长比例

Ⅰ～Ⅲ类水质河长比例指标本身是百分比形式，因此，不再需要标准化。

Ⅰ～Ⅲ类水质河长比例参与综合评价时，等级划分为：>95为优，85～95为良，70～85为中，≤70为差。

②重要湖库平均营养化指数

重要湖库富营养化指数参与综合评价时，采用重要湖库平均富营养化指数，公式如下：

$$\overline{EI}=\frac{\sum_{k=1}^{m}EI_k}{m} \tag{5-76}$$

式中：$\overline{EI}$ 为重要湖库平均富营养化指数，无量纲；EI_k 为第 k 个重要湖库富营养化指数，无量纲；m 为评价重要湖库个数，个。

重要湖库平均富营养化指数等级划分为：<45为优，45～50为良，50～55为中，≥55为差。该指标为反向指标，评价时采用反向标准化公式计算。

（3）水域空间指标

水域面积保留率本身是百分比形式，因此，不再需要标准化。

水域面积保留率参与综合评价时，等级分类为：>95为优，85～95为良，70～85为中，≤70为差。

（4）水系连通性指标

①通水河长比例

通水河长比例本身是百分比形式，因此，不再需要标准化。

通水河长比例参与综合评价时，等级分类为：>95为优，85～95为良，70～85为中，≤70为差。

②全线流动天数比

流动时间不少于三个月，为当年全线流动天数占全年天数比例。

$$I_{df}=\frac{D_f}{D_t}\times 100 \tag{5-77}$$

式中：I_{df} 为全线流动天数比，%；D_f 为当年全线流动天数，天；D_t 为当年天数，天。

根据流动时间不少于三个月划分等级分类为：>40为优，25～40为良，10～25为中，≤10为差。

（5）生境指标

①补水期地下水水位回升指数

地下水水位回升回升量参与综合评价时，采用回升指数进行评价。结合近年华北地下水超采综合治理、北京市地下水超采综合治理行动方案和实施方案、河道补水对地下水水位回升影响范围等因素，选取2025年地下水水位回升8 m为目标，即河岸带两侧10 km范围内平均地下水水位较2020年回升8 m。考虑到河道两侧距河道距离与补水效果呈负相关，地下水水位回升量采用加权平均法，为进一步评估地下水补水对平原区地下水水位回升的贡献，分别对距河道距离0～3 km、3～6 km和6～10 km范围的观测井取0.1、0.3和0.6的权重系数，核算地下水水位综合回升量，计算方法见公式。

$$\overline{\Delta H}' = 0.1 \times \overline{\Delta H}_{0\sim3} + 0.3 \times \overline{\Delta H}_{3\sim6} + 0.6 \times \overline{\Delta H}_{6\sim10} \tag{5-78}$$

式中，$\overline{\Delta H}'$为地下水水位综合回升量，m；$\overline{\Delta H}_{0\sim3}$、$\overline{\Delta H}_{3\sim6}$、$\overline{\Delta H}_{6\sim10}$分别为距河道距离0～3 km、3～6 km和6～10 km范围内的观测井平均水位回升量，m。

补水期地下水水位回升指数定义为地下水水位综合回升量占目标的百分比，其计算方法见下式：

$$H = \frac{\overline{\Delta H}'}{8} \times 100\% \tag{5-79}$$

当$H>100\%$时，取100%。

补水期地下水水位回升指数等级划分为：>95为优，75～95为良，40～75为中，≤40为差。

②地下水水位累计回升指数

地下水水位平均回升量参与综合评价时，采用回升指数进行评价。结合2018年华北地下水超采综合治理以来，华北地区平均水位回升2.25 m，以及北京市地下水超采综合治理行动方案和实施方案等，2025年之前，选取3.75 m作为地下水水位回升目标。

治理以来地下水水位累计回升指数计算公式见下式：

$$H_2 = \frac{\overline{\Delta H_2}'}{3.75} \times 100\% \tag{5-80}$$

当$H_2>100\%$时，取100%。

地下水水位累计回升指数等级划分为：>95为优，75～95为良，40～75为中，≤40为差。

③岸带植被覆盖度

岸带植被覆盖度参与综合评价时，赋分标准参照《河湖健康评估技术导则》(SL/T 793—2020)。岸带植被覆盖度等级划分为：>75 为优，40～75 为良，10～40 为中，≤10 为差。

④鱼类保有指数

鱼类保有指数参与综合评价时，赋分标准参照《河湖健康评估技术导则》(SL/T 793—2020)。鱼类保有指数等级划分为：>85 为优，60～85 为良，25～60 为中，≤25 为差。

4) 补水效果综合评价标准

将水生态环境评价标准分为"优""良""中""差"4 个评价区间，给出水量、水质、水域空间、水系连通性、生境 5 个一级指标的 11 个二级指标评价标准，为使计算结果与河湖生态环境复苏评价标准具有良好的解释性，在各个等级区间随机生成了 50 个样本，4 个等级共计 200 个样本。并根据综合评价指数，核算综合评价指数标准。

5.1.7.3　模型结果

1. 水量评价

(1) 生态基流满足度

2021 年，桑干河册田水库、石匣里，洋河响水堡和永定河官厅水库 4 个控制站共评价月均流量 48 次，达标 29 次。其中，册田水库 5 次，响水堡 10 次，石匣里 10 次，官厅水库 4 次。生态基流满足度为 60.4%。评价结果为"差"。

(2) 生态水量满足度

2021 年，桑干河册田水库、石匣里，洋河响水堡，永定河官厅水库 4 个控制站年生态水量分别为 2.07 亿 m^3、2.4 亿 m^3、1.38 亿 m^3、1.2 亿 m^3，年均流量分别为 6.57 m^3/s、7.61 m^3/s、4.37 m^3/s、3.80 m^3/s，满足度分别达到 100%、100%、100%、61%(图 5-25)。

因官厅水库出库水量对下游平原段实现通水至关重要，将其权重系数定为 0.4，册田其余 3 个控制站的权重系数各为 0.2。计算得生态水量满足度为 84.4%。评价结果为"中"。

2. 水质评价

(1) Ⅰ～Ⅲ类水质河长比例

2021 年，水质评价河长 1 632.7 km，占《总体方案》河长的 98.7%。全年Ⅲ类水质及以上河长 1 333.7 km，占评价河长 81.7%，Ⅳ类水质河长 299 km，占评

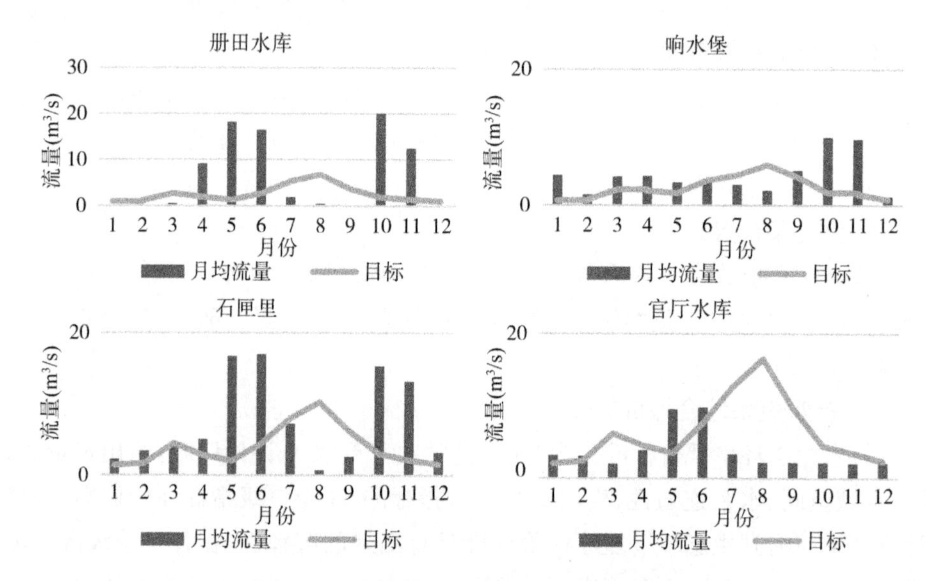

图 5-25 主要控制站月均流量达标情况图

价河长 18.3%，超Ⅲ类水质主要指标为总磷、COD、氨氮、氟化物、BOD_5 等。评价结果为“中”。

(2) 重要湖库平均营养化指数

流域内重要湖库主要有官厅水库、册田水库、友谊水库 3 座，收集 2021 年 12 个月总磷、总氮、叶绿素 α、高锰酸盐指数、透明度等 5 项指标数值，采用年均值计算各水库营养化指数。3 座水库营养化评价指数为 46.9、58.6、56.1，平均值为 53.9。评价结果为“中”。

3. 水域空间评价

永定河生态补水水面面积发生变化较大的河段为平原段，即三家店至屈家店段。水域面积保留率参照的近年较好时期选取 2022 年秋季生态补水后平原段形成的水面面积，即 38.04 km^2。2021 年补水期水面最大为 32.08 km^2。由此，水面面积保留率为 84.3%。评价结果为“中”。

4. 水系连通性评价

(1) 通水河长比例

2021 年永定河通水河长 865 km，实现全线通水，通水河长比例达 100%。评价结果为“优”，详见表 5-21。

(2) 全线流动天数比

2021 年，永定河山峡段全年维持基流，平原段全段维持流动 65 天。其中，三家店至卢沟桥 17 km 全年有水；9 月 27 日卢沟桥至屈家店 129 km 通水，维持

流动 65 天。则，全线流动天数比为 17.8%。评价结果为“中”。

表 5-21　2021 年永定河重要河段通水河长情况

河流	河段范围	长度(km)	通水河长(km)	占比(%)
洋河	友谊水库至朱官屯	162	162	100
桑干河	东榆林水库至朱官屯	334	334	100
永定河	朱官屯至屈家店	307	307	100
永定新河	屈家店至永定新河防潮闸	62	62	100
合计		865	865	100

5. 生境评价

(1) 补水期地下水水位回升指数

收集 2021 年补水期河道两侧 10 km 范围的 70 眼地下水监测井地下水水位数据，平均回升 5.4 m。其中，0～3 km 的 36 眼监测井地下水水位平均回升 6.92 m；3～6 km 的 21 眼监测井地下水水位平均回升 3.95 m；6～10 km 的 13 眼监测井地下水水位平均回升 3.55 m。

根据各范围内地下水水位平均回升量的权重系数，补水期地下水水位综合回升量为 4.0 m，回升指数 50%。评价结果为“中”。

(2) 治理以来地下水水位回升指数

重点调查了永定河平原区 19 眼浅层地下水水位监测井水位变化情况。2021 年 12 月与 2017 年 1 月相比，监测井地下水位全部回升，平均回升 2.95 m，最大回升量 17.8 m，为石景山衙门口监测井。详见表 5-22。

表 5-22　监测井水位变化统计表　　单位：眼、m

地区	监测井总数	水位变化情况			
		水位回升井数	水位下降井数	水位平均变化	最大水位变化
北京市	6	6	0	3.6	17.8
天津市	2	2	0	2.5	3.1
廊坊市	11	11	0	2.7	6.6

治理以来，地下水水位回升指数为 78.7%。评价结果为“良”。

(3) 岸带植被覆盖度

采用 2021 年遥感影像，对永定河、桑干河和洋河等重点河段滩地及岸坡植被面积进行了调查。

重点河段岸滨带和滩地总面积为 1 005.3 km^2，2021 年植被覆盖面积 279 km^2，占总面积的 27.8%，属中度覆盖，赋分 39.8，评价结果为“中”。

(4) 鱼类保有指数

永定河流域鱼类累计调查发现 8 目 15 科 49 种，历史记载鱼类 70 种，鱼类保有指数达 70%，赋分 53.3。评价结果为“良”。

6. 综合评价

本次评价指标覆盖指标体系中全部 12 个指标，综合评价 53.8 分，结果为“中”。各指标及综合指标评价结果见表 5-23。

表 5-23　2021 年年度补水效果评价结果统计表

序号	评价指标	权重系数	评价得分	评价结果
1	生态基流满足度/%	0.050	60.4	差
2	生态水量满足度/%	0.050	84.4	中
3	Ⅰ～Ⅲ类水质河长比例/%	0.059	81.7	中
4	湖库平均富营养化指数	0.069	46.1	中
5	水域面积保留率	0.046	84.3	中
6	通水河长比例	0.043	100.0	优
7	全线流动天数比	0.200	17.8	中
8	补水期地下水水位回升指数	0.082	50.0	中
9	治理以来地下水水位回升指数	0.079	78.7	良
10	岸带植被覆盖度	0.199	39.8	中
11	鱼类保有指数	0.124	53.3	良
12	综合评价	—	56.3	中

5.1.8　全流域水文-水动力耦合模型

5.1.8.1　模型功能及建模范围

1. 模型功能

对永定河流域开展洪水预报是永定河流域提高洪涝防御能力的关键支撑，本模型通过接入多尺度气象、水文实时监测数据，河道断面资料，耦合 EasyDHM 分布式水文模型和水动力模型，结合流域不同地区的下垫面情况以及不同雨情、水情、工情，对预报模型的参数进行分类优化和分区率定，再利用水动力方法精细模拟河道内水流演进状态，实现永定河流域关键断面的洪水预报，

为防洪和工程调度提供可靠信息。

2. 建模范围

针对永定河流域实际情况，水文-水动力耦合模型建模范围包括固定桥、柴沟堡[柴沟堡(东)、柴沟堡(南)(三)]、响水堡、石匣里、官厅入库、珠窝水库、斋堂水库、青白口、雁翅、落坡岭、三家店 12 个河道站点断面，具体描述为：

官厅以上：固定桥、柴沟堡[柴沟堡(东)、柴沟堡(南)(三)]、响水堡入库、石匣里、官厅入库。

官厅以下：珠窝水库、斋堂水库、青白口、雁翅、落坡岭、三家店入库。

3 个水库断面具体信息如下：

(1) 官厅水库

官厅水库是海河水系永定河上历史最久的大型水库，也是新中国成立后建立的第一座大型水库。水库位于北京市的西北方向，整个流域涵盖张家口市五个区以及六个县，还囊括北京市延庆区。库区主体部分跨越河北省张家口市怀来县和北京市延庆区，地理位置十分特殊。官厅水库流域面积 47 000 km^2，主要入库支流有洋河、桑干河和妫水河，控制永定河流域面积约为 4.34 万 km^2，占全流域的 92.3%。官厅水库于 1951 年 10 月动工，1954 年 5 月竣工；主要水流为河北怀来永定河，水库运行 40 多年来，为防洪、灌溉、发电发挥了巨大作用。

(2) 三家店枢纽

三家店枢纽位于门头沟区三家店村附近永定河干流上，是永定河出山后的首个控制性工程。由三家店拦河闸、进水闸、调节池及其他附属设施组成，是集防洪、供水、灌溉、跨流域水资源调配功能于一体的综合性水利工程。工程于 1956 年建成，其中三家店拦河闸为大(1)型水闸，17 孔，单孔宽 12 m，闸门高 8 m，底板高程 102.0 m，最大拦蓄库容 200 万 m^3，调节库容 100 万 m^3，按百年洪水 5 000 m^3/s 设计，千年洪水 7 700 m^3/s 校核，建成后最大过闸流量 2 640 m^3/s。

(3) 响水堡水库

响水堡水库是中国河北省张家口市宣化区境内的一座水库，位于永定河系洋河上，建于 1972 年。水库正常库容为 3 000 万 m^3，集雨面积为 14 140 km^2，海拔为 572 m。

5.1.8.2 模型构建

1. 构建过程

永定河全流域水文—水动力耦合模型对三家店以上流域，采用分布式水文模型进行建模，对于主河道汇流部分采用一维水动力模型模拟，包括固定桥、柴沟堡[柴沟堡(东)、柴沟堡(南)(三)]、响水堡、石匣里的水文模拟和官厅入库、珠窝水库、斋堂水库、青白口、雁翅、落坡岭、三家店的水文水动力耦合模拟。详细的模型理论框架如图 5-26 所示。

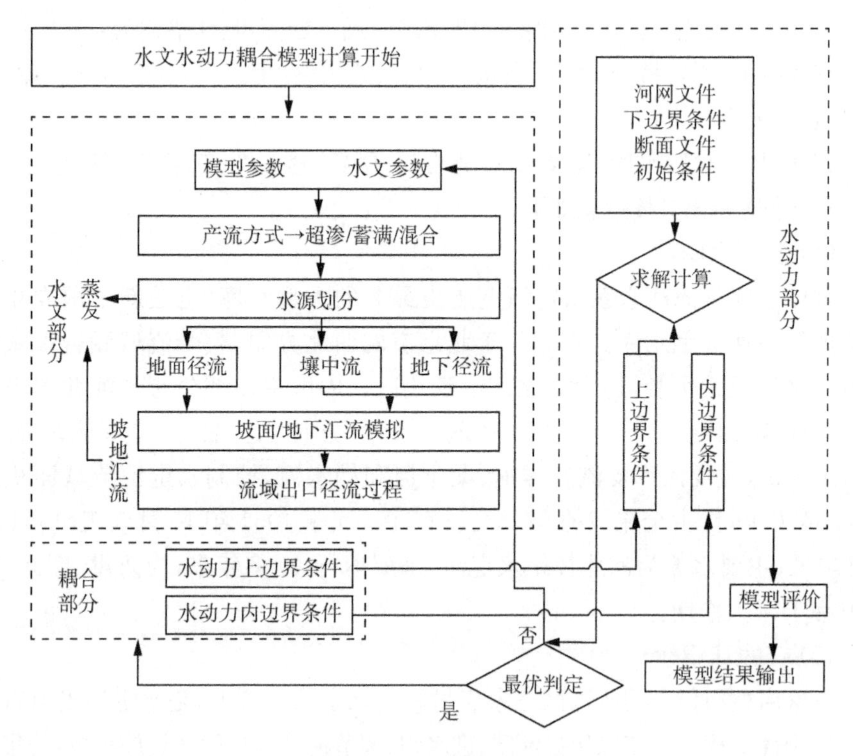

图 5-26　模型框架图

(1) 水文模块

对于 EasyDHM 分布式水文模型，为了简化模型结构，常把降雨到形成流域出口断面流量的过程分为产流和汇流两个阶段，同时还有伴随于产汇流阶段的蒸发过程。其中，产流是在超渗产流、蓄满产流和混合产流三种产流模式下生成径流的过程，具体采用哪种产流模式，将依据具体研究和应用情况而定。对相应产流模式下生成的径流需要进行水源划分，划分后会形成地面径流、壤中流和地下径流这三种不同的径流成分。产流模块计算结束后的输出结果将作为坡地汇流模块的输入，来驱动整个坡地汇流模块的计算。根据坡地汇流的物理过程特点，坡地汇流模块又可以分为坡面径流汇流模拟和地下径流汇流模拟两部分。

（2）水动力模块

水动力模块采用直接求解 Saint-Venant 方程组的水力学方法来进行河道汇流计算。

（3）耦合模块

在计算时，如果水文模型参数率定达到最优，则保存参数以及计算结果，输出个流域出口处径流深数据，讲输出数据作为水动力模型的输入条件，以此来驱动水动力模型，水动力模型将子流域输入作为分水口水量输入。

2. 模型输入与输出

模型的输入为永定河流域 47 个雨量站的实测降雨、12 个断面的径流数据，输出为三家店以上的洪水过程，如表 5-24 所示。

表 5-24 水文-水动力耦合模型输入输出

名称	输入	输出	计算时间步长	输出结果时间步长
全流域水文-水动力耦合模型	雨量站实测降雨、关键断面径流数据	三家店以上各关键断面的洪水过程	小时	小时

5.1.8.3 模型验证及精度分析

（1）选取石匣里 20150727 场次的率定结果作为说明，如图 5-27 所示的率定结果，实测洪峰流量为 47.5 m^3/s，模拟洪峰流量为 48.99 m^3/s，峰现时间为 1 h，洪量误差为−8%，小于 20%。

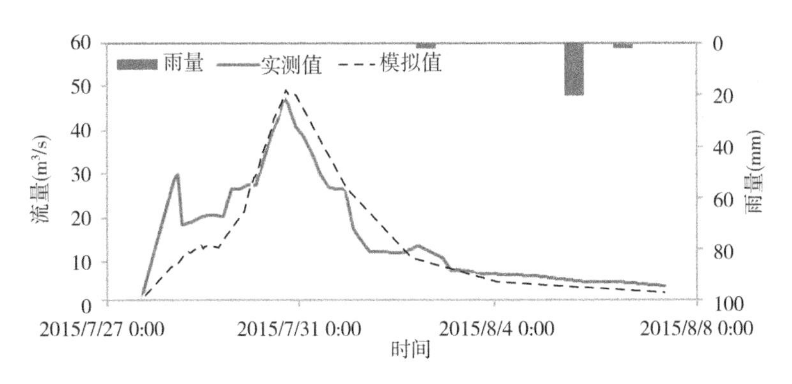

图 5-27 石匣里 20150727 场次率定结果

因目前雨水情数据不具备率定官厅以上历史大洪水的能力，具体来说，官厅以上站点年鉴摘录来的场次流量量级较小，并且仍缺响水堡、官厅的流量，水文局提供的 1963 年官厅历史洪水数据，无所处年份雨量对于数据。并且需要演练场次洪水和雨情数据作为率定数据。

(2) 永定河2023年第一号洪水。受台风“杜苏芮”减弱低压环流和冷空气共同影响，7月28日至8月1日11时，永定河流域降雨量达79 mm，7月31日11时，“永定河2023年第一号洪水”形成，8月2日6时，永定河泛区正式启用。

本次洪水一是降雨范围广、总量大。海河流域过程降雨50 mm、100 mm以上笼罩面积分别占总面积的77.4%、52.8%，降雨总量初步计算为494亿m^3，超过海河流域“96・8”流域性大洪水。

二是暴雨时空集中、强度大。海河流域过程累计面降雨量155.3 mm，是常年全年平均的30.5%，暴雨主要集中在大清河系拒马河、子牙河系沱河滏阳河、永定河官厅山峡区间。7月29日20时至8月2日7时，北京市83个小时的降雨量达到常年全年降雨量的60%，最大小时雨量为北京丰台区千灵山站111.8 mm，超过了2012年“7・21”特大暴雨。

本次洪水复盘中，采用全流域水文水动力耦合模型进行了官厅—三家店(山峡段)洪水预报复盘。建模选用11个雨量站、4个水库、3个水文站和1个堰闸站。由于缺少临近逐小时天气预报数据，本次复盘采用的是11个雨量站逐小时实测降雨数据进行模拟，结果详见表5-25、图5-28、图5-29。

表5-25　2023年永定河第一号洪水复盘结果

断面名称	峰现时间误差		洪峰误差		洪量误差	
雁翅	1 h(<15 h)	满足	5.2%(<20%)	满足	4.8%(<20%)	满足
三家店	—	—	—	—	5.15%(<20%)	满足

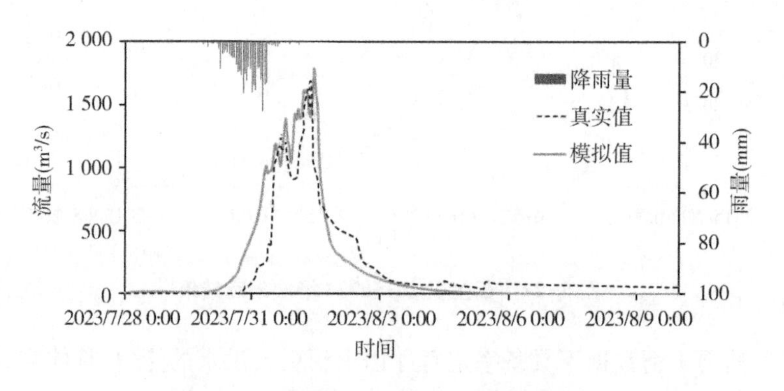

图5-28　雁翅站20230731场次模拟结果

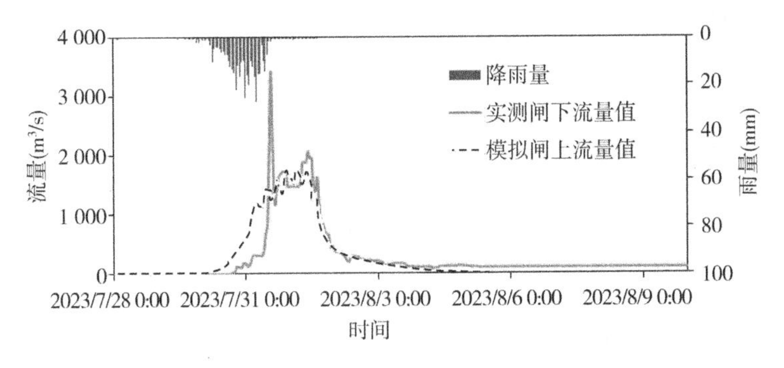

图 5-29　三家店站 20230731 场次模拟结果

此次洪水预报的复盘中，考虑珠窝、斋堂、落坡岭水库的调蓄作用，模拟结果显示，雁翅站的峰现误差、洪峰误差、洪量误差均在许可误差范围以内；三家店断面的预报结果中，由于三家店缺少实测闸上流量，对比结果采用的是闸下流量，从上图可看出三家店最大下泄流量为 3 430 m^3/s(2023 年 7 月 31 日 14:00)，存在明显的调蓄作用，因此仅对该断面的洪量误差进行验证，在许可范围之内。

5.1.9　重点区域水工程联合防洪调度及仿真模拟模型

5.1.9.1　模型功能及建模范围

1. 模型功能

(1) 水库防洪规则调度模块：以各个水库防洪任务所拟定的水库调度原则为调度约束进行调洪计算，提出汛期各水库的补水方案，可以得到水库水位、泄流过程。

(2) 防洪仿真模拟模块：将防洪规则调度计算结果作为二维水动力模型输入，将水文预报结果转化为二维模型的边界条件，同时考虑实际水库湖泊蓄水容量以及泛区口门位置，实时模拟不同调度方案下的洪水淹没过程。

2. 建模范围

以官厅以下河流、水库、蓄滞洪区等重大防洪工程为对象，运用模型进行洪水模拟和防洪调度方案仿真。水库包括官厅水库、大宁水库和永定河滞洪水库；枢纽包括卢沟桥枢纽和屈家店枢纽；蓄滞洪区包括七里海临时滞洪区和三角淀分洪区、北运河左堤汉沟至朗园处扒口分洪、永定河泛区(茨平、孟村、池口、南石、潘庄子等口门运用情况)。

5.1.9.2 模型构建

1. 构建过程

1）防洪调度模型

根据水库指定的防洪调度规则，当水库水位达到某一规则时，依据水位-下泄能力曲线，在水库工程泄流能力约束和水库特征水位约束的前提下，运用水量平衡法进行相应流量的下泄。

（1）水量平衡求解

$$V_n(t)=V_n(t-1)+[Q_{\mathrm{in}}^n(t)-Q_{\mathrm{out}}^n(t)]\Delta t \tag{5-81}$$

（2）确定约束条件

以水库实时水位作为防洪调度的起调水位，防洪调度各个水库涉及的约束条件如下。

库容约束：

$$\begin{aligned} V_{\mathrm{min1}}^n \leqslant V_{n1}(t) \leqslant V_{\mathrm{max1}}^n \\ V_{\mathrm{min2}}^n \leqslant V_{n2}(t) \leqslant V_{\mathrm{max2}}^n \end{aligned} \tag{5-82}$$

水库泄流能力约束：

$$Q_{\mathrm{out}}^n(t) \leqslant Q_{\mathrm{max}}^n[Z_n(t)] \tag{5-83}$$

边界条件约束：

$$V_n(0)=V_b^n \tag{5-84}$$

时段长约束：

$$\begin{aligned} 0 < T_1^n < T_2^n \\ T_1^n < T_2^n < T \end{aligned} \tag{5-85}$$

式中：$Q_{\mathrm{in}}^n(t)$、$Q_{\mathrm{out}}^n(t)$ 分别为 t 时刻第 n 个水库的入库流量和下泄流量；Δt 为计算时段长度；$V_n(t)$、$V_{\mathrm{min}}^n(t)$ 和 $V_{\mathrm{max}}^n(t)$ 分别为 t 时刻第 n 个水库的库容、最小允许库容和最大允许库容，下标 1 和 2 分别代表防洪水库和电站；$Z_n(t)$、$Q_{\mathrm{max}}^n[Z_n(t)]$ 分别为 t 时刻第 n 个水库的水位和该水位对应的下泄能力；V_b^n 为第 n 个水库调度期起调水位对应的库容；T_1^n、T_2^n 分别为开始优化时间和终止优化时间对应的时段；T 为总时段数。

(3) 调度规则

具体包括官厅水库、卢沟桥枢纽、大宁水库和永定河滞洪水库、永定河泛区、屈家店枢纽的调度规则。

2) 防洪仿真模拟模型

依据防洪调度策略，考虑实际的湖泊水库库容，运用二维水动力模型实时动态仿真河道洪水演进过程和泛区洪水淹没过程。

(1) 计算方程

二维浅水方程：

$$\begin{aligned}&\frac{\partial h}{\partial t}+\frac{\partial(hu)}{\partial x}+\frac{\partial(hv)}{\partial y}=0\\&\frac{\partial(hu)}{\partial t}+\frac{\partial(huv)}{\partial y}+\frac{\partial}{\partial x}\left(hu^{2}+\frac{1}{2}gh^{2}\right)=0\\&\frac{\partial(hv)}{\partial t}+\frac{\partial(huv)}{\partial x}+\frac{\partial}{\partial y}\left(hv^{2}+\frac{1}{2}gh^{2}\right)=0\end{aligned}\tag{5-86}$$

显示差分格式：

$$\left(\frac{q_{t+\Delta t}-q_{t}}{\Delta t}\right)+\frac{gh_{t}\partial(ht+z)}{\partial x}+\frac{gn^{2}q_{t}^{2}}{h_{t}^{7/3}}=0\tag{5-87}$$

单元水量交汇方程：

$$\frac{{}^{t+\Delta t}h^{ij}-{}^{t}h^{ij}}{\Delta t}=\frac{{}^{t}q_{x}^{(i-1)j}-{}^{t}q_{x}^{ij}+{}^{t}q_{y}^{i(j-1)}-{}^{t}q_{y}^{ij}}{\Delta x\Delta y}\tag{5-88}$$

流量稳定器：

$$q_{x}^{ij}=\min\left[q_{x}^{ij},\frac{\Delta x\Delta y(h^{ij}-h^{(i-1)j})}{4\Delta t}\right]\tag{5-89}$$

式中：h 为水深；u、v 分别为 x、y 方向流速；t 为时间；Δt 为时间步长；z 为地形高程；g 为重力加速度；i、j 为栅格单元行列编号；q 为流量；Δx，Δy 分别为 x、y 方向空间步长。

(2) 模拟过程

输入数据经过 CPU 前处理得到每个计算网格的参数及关键物理量，GPU 对每个网格进行计算并返回计算结果，CPU 对结果进行输出，最后通过后处理渲染展示。

2. 模型输入与输出(表 5-26)

表 5-26 重点区域水工程联合防洪调度及仿真模拟模型输入输出表

名称	输入	输出	计算步长/输出结果时间步长
防洪调度模块	调度规则	调度方案中提及的各工程水位流量过程	小时
	官厅水库起调水位、调度期末水位		
	调度开始结束时间		
防洪仿真模拟模块	DEM、模拟区域	永定河三卢段洪水演进情况、卢梁段洪水演进情况、永定新河洪水演进情况,蓄滞洪区口门启用情况、蓄滞洪区洪水演进情况,模拟区域内淹没范围、淹没水深和淹没损失情况	计算:0.2～1 s 输出:自定义(>1 min)
	土地利用类型		
	流量边界、水库湖坑等初始状态		

5.1.9.3 模型验证

针对永定河官厅以下本次流域性洪水进行复盘,三家店以下至入海口水头演进过程采用二维水动力学进行模拟,卢沟桥存在调蓄作用(提前泄水,且非平进平出),因此,采用分段建模的方式,分别模拟三家店—卢沟桥段、卢沟桥—屈家店段、屈家店—入海口段。针对调蓄工程,按照实际调度过程给出;针对口门和溃口,由二维水动力模型模拟出分水量。

从图 5-30 中两个关键断面的流量过程模拟结果可以看出,卢沟桥闸上有两个峰值,第一个峰值是由于三家店 7 月 31 日 14:00 开闸下泄 3 430 m^3/s 导致的,模拟出的卢沟桥洪峰流量为 2 750 m^3/s(实测峰值 1 610 m^3/s);第二个峰值是由区间汇水造成的,模拟峰值 2 023 m^3/s(实测峰值 2 490 m^3/s)。固安断面流量趋势基本一致,但模拟峰值较实测偏低,原因为北京段湖坑蓄水量的初始条件未知以及 DEM 精度造成的误差。

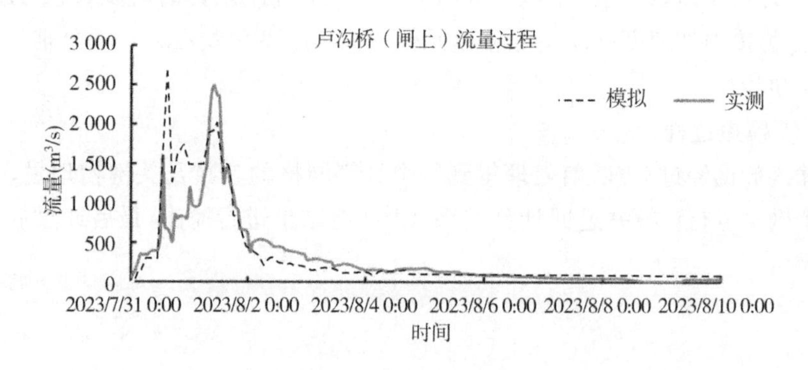

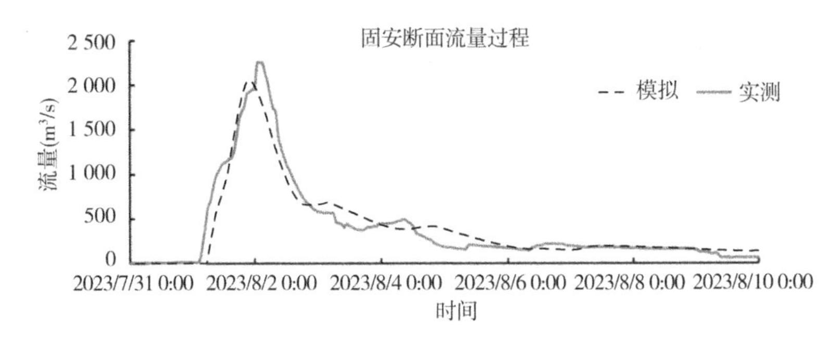

图 5-30 关键断面流量模拟结果

1. 洪水水头到达时间

经模拟，卢沟桥在 7 月 31 日加大泄量后，洪水水头在 8 月 1 日 6 时到达固安，在 8 月 1 日 12 时到达崔指挥营，在 8 月 2 日 2 时到达邵七堤，在 8 月 4 日 7 时到达屈家店。

2. 蓄滞水量分析

卢沟桥下泄总量为 3.68 亿 m^3(含卢沟桥以下河道内退水及其他)，经模拟，崔指挥营(北京入河北)断面总过水量为 3.36 亿 m^3，北京最大蓄滞水量为 0.32 亿 m^3；邵七堤(河北入天津)断面总过水量为 1.65 亿 m^3，河北最大蓄滞水量为 1.71 亿 m^3；屈家店断面总过水量为 0.79 亿 m^3；入海口水量为 0.26 亿 m^3，天津最大蓄滞水量为 1.58 亿 m^3；泛区最大蓄滞水量为 2.61 亿 m^3，与实测 2.56 亿 m^3 相比误差为 2.0%，可利用蓄量为 4 亿 m^3，泛区利用率为 65.25%。

3. 泛区淹没复盘结果

本次模拟考虑了泛区开启的 3 个口门(南石、池口、茨平)、4 个溃口(邱宋庄溃口、柳园溃口、西庄窠溃口、朱官屯溃口)。

(1) 乡镇淹没面积

口门以内(泛洪区)淹没面积为 163 km^2，统计各乡(镇)淹没进行排名，韩村镇淹没面积最大，为 43.93 km^2，占总淹没面积的 26.88%，位于南石口门淹没区；其次是仇庄镇，为 30.61 km^2，占总淹没面积的 18.73%，位于茨坪口门淹没区；排名第三的是豆张庄镇，为 27.00 km^2，占总淹没面积的 16.52%，位于茨平口门淹没区。前三个地区占据淹没总面积的 62.13%。

(2) 不同水深分布图

针对口门以内(泛洪区，不含河道)淹没面积 163 km^2 进行统计，淹没水深 0～1 m 的面积共计 87.00 km^2，占淹没面积的 60.54%，平均淹没深度为

1.05 m。

(3) 口门淹没过程

本次泛区启用了池口(8月2日4时)、南石(8月2日10时)、茨坪(8月3日3时)三个口门,三个口门的累计过水量分别为0.28亿m^3、0.54亿m^3、0.50亿m^3。

5.2 智能识别模型

利用商业识别模型定制支撑水利业务特定场景的智能识别模型,考虑调用商用模型时政务数据的安全性与保密性,对其进行本地化定制化。基于高清视频实时监控数据,利用AI视频算法实现对水尺水位、水面漂浮物、突发环境事件风险源、施工现场安全帽等各类水利视频监控对象的智能识别,为管理区内水文监测、水环境治理、施工现场管理等业务场景提供技术支撑。智能识别模型统一部署于海委及永定河水利云后端,方便各自业务应用层调用。模型应用场景及更新频率如表5-27所示。

表5-27 智能模型应用场景统计表

序号	模型名称	主要功能	指标参数	应用场景
1	水尺水位智能识别模型	智能检测水位尺上的数字和刻度	综合误差不超过0.03 m	水资源管理与调配、防洪“四预”、工程运行管理
2	水面漂浮物智能识别模型	智能识别河湖表面是否存在垃圾、生物(如蓝藻)等漂浮物,自动识别漂浮物类型、位置、数量等	综合误差面积不超过10%	河湖管理
3	突发环境事件风险源智能识别模型	实现突发环境事件危险源和水体水面异常事件的智能识别	综合误差面积不超过10%	河湖管理
4	安全帽智能识别模型	智能识别监控区域内人员是否佩戴安全帽	综合识别准确度95%以上	工程建设管理

(1) 水尺水位智能识别模型

利用卷积神经网络及图像处理技术,可实现基于视频监控的水尺数据实时在线、无人值守识别,为水文智能监测、工程运行管理提供支撑。

(2) 水面漂浮物智能识别模型

利用机器学习智能算法,实现对视频监控中河道、库区水面漂浮物(如水面垃圾、水生植物等)智能识别,确定漂浮物类型、数量、位置等,为库区水环境管理及保护提供支撑。水面漂浮物智能识别模型包括漂浮物识别模块、定位模块及预警模块。

(3) 突发环境事件风险源智能识别模型

利用人工智能图像识别模型，基于视频监控画面，实现突发环境事件危险源（如库区危化品运输车辆通行）和水体水面异常事件（如水面漂浮污染物、网箱养殖、偷排漏排）的智能识别。

(4) 安全帽智能识别模型

基于人工智能图像识别技术，可识别红、蓝、黄等多种颜色及形式的安全帽，快速分析图像内人员是否有违章不佩戴安全帽或安全帽佩戴错误的行为，并实时报警。

5.3 可视化模型

基于业务过程和决策支撑的仿真模拟需求，在多源数据融合的基础上，搭建可视化模型，建设自然背景、流场动态、水利工程、水利机电设备、“四预”过程 5 大场景类可视化模型，为场景模拟仿真提供实时渲染和可视化呈现，用于精准化工程调度与交互式数字孪生工作。可视化模型的组成结构如图 5-31 所示。

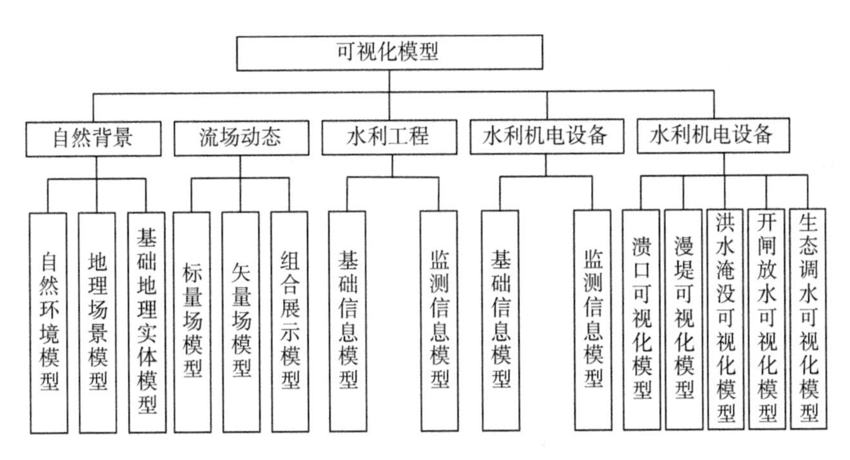

图 5-31 可视化模型的组成结构

5.3.1.1 多源数据融合

以 GIS 数据、感知数据、BIM 数据、基础地理数据、水利专题数据、互联网数据等海量异构多维时空数据为数据源，对时空大数据进行数据标准化处理、融合及三维重建，为数据赋予空间特性及用途，构建涵盖从整体到局部、从上游到下游全方位立体式的全息、高清的数字空间。

1. 多源多尺度数据

对汇聚来的原始数据，按照统一的数据标准及业务应用需求进行多源多尺度数据融合处理，解决多源数据一致性、空间数据一致性、水利基础对象逻辑一致性等问题。

(1) 多源数据一致性处理。原始数据普遍缺乏统一的数据标准，因而汇聚来的多源数据存在不一致的问题。以水库数据为例，水库相关信息来源包括水利普查数据库、风险普查数据库、水利“一张图”平台等，由于数据分辨率、时相、格式等标准不一致，存在各种冲突。因而需要通过字段映射、空间叠加、人工核实等方式进行融合处理。

(2) 多类型多尺度空间数据融合处理。空间数据存在空间参考不一致、矢量与影像数据无法套合、水利对象的空间拓扑关系不正确等，通过空间数据处理工具进行一致性处理。空间数据融合还包括地形与 BIM 模型融合、地形与倾斜摄影数据融合、倾斜摄影与 BIM 模型融合及数据切片与建立索引等。

(3) 空间数据与业务数据融合。在水利基础数据与空间数据进行了一致性处理的基础上，还要考虑空间数据与业务数据的关联融合，包括统一对象编码和统一接口、属性挂接、拓扑关系建立和空间关系挂接等。

2. BIM 与 GIS 融合

利用三维地理信息空间数据管理与发布功能，以数字正射影像、数字高程模型，无人机倾斜摄影、三维建模等技术生产的实景模型生成 GIS 数字场景。以水工建筑物模型为 BIM 数据源，集成在 GIS＋BIM 基础支持平台中，实现多尺度、多类型数据的统一浏览展示、信息查询和可视化表达。

(1) 数据层

数据层利用网络基础设施和硬件基础设施构成一个存储、访问和管理空间与非空间数据的关系数据库服务器，负责存储信息系统的三维场景数据、水工建筑物三维模型、河流水系及行政区划空间数据及属性数据等，并向中间服务层提供符合 OGC 标准的空间数据服务。保持了数据的一致性、完整性、统一性，同时高效地实现对二三维地理数据维护和更新，对数据进行统一存储，集中管理。

(2) 服务层

服务层为 GIS＋BIM 基础支撑平台的服务体系，是在遵从业界服务标准的基础上，根据多数用户对地理信息应用的共性需求，设计并实现的综合业务逻辑。在互联网环境下，GIS＋BIM 基础支持平台服务体系向应用层提供所需的各种 GIS 应用服务，并可进行统一的管理和维护。

(3) 应用层

应用层实现信息展示等人机交互功能，为用户提供美观、简洁和全新体验的操作界面。应用层通过客户端浏览器，建立与数据服务、支撑平台、网络三维服务的连接，基于 TCP/IP 网络连接和 HTTP 协议形成 B/S 工作模式，客户端可直接请求数据操作和地理数据服务，浏览器提出请求后，通过中间服务层的数据处理并进行相应的分析，将结果返回到浏览器端。实现对三维地形场景及水工建筑物模型、基础地理数据等的展示、查询和分析，为综合监测、工程管理等应用提供数据及场景支撑。

5.3.1.2 多层次可视化渲染

可视化模拟技术包括二三维可视化。二维场景可视化是遵循国控标准《空间数据库表结构及标识符》(SZY 304—2018)、《地理信息分类与编码规则》(GB/T 25529—2010)，利用流域数字场景建设时采集的基础地理空间数据(电子地图数据、地名数据、影像数据、高程数据等)、实地勘查及资料收集结果建设平面地图，形成永定河流域"一张图"，为全方位、多视角、递进式地展示永定河流域各类水利对象信息提供空间数据支撑。三维场景可视化技术是基于虚幻引擎、3D GIS 技术等，多层次渲染三维场景，从宏观的流域河湖场景到精细局部的微观细节，支持三维场景全域可远观、可漫游，实现对空间地理数据的可视化表达，对物理场景进行 1∶1 还原，实现地上地下一体化、室内室外一体化、静态动态一体化。

1. 可视化渲染

1) 流域数字场景搭建技术

卫星遥感正射影像图制作主要包括正射校正、辐射校正、影像融合、整体镶嵌及范围裁切等内容。叠加生成永定河流域三维场景。

投影方式为 UTM。影像数据格式为带地理坐标的非压缩真彩色 GeoTiff 格式。影像图分幅与镶嵌要求图像成果反差适中，色调均匀，拼接处不应有明显的灰度改变，文件头中有地理参考系信息，并填写元数据。

2) 河道数字场景搭建技术

本项目以获取的航摄影像以及对应的 POS 数据和激光点云生成的 DEM 成果作为数据源，制作河道数字场景，即数字正射影像图(DOM)。DOM 制作主要步骤为:空中三角测量、影像正射纠正、影像镶嵌编辑等步骤。

(1) 数字正射影像制作

制作数字正射影像主要工作内容包括航空影像数据采集、像控点采集、空三数据处理、影像正射纠正、影像镶嵌、接边、裁切等。

(2) 数字高程模型制作

制作数字高程模型主要工作内容包括点云数据采集、GPS/IMU航迹解算、点云预处理、点云滤波分类、点云精度检查、数字高程模型制作与编辑等。

3) 虚幻引擎技术

虚幻引擎技术基于物理的渲染技术、动态阴影选项、屏幕空间反射以及光照通道等功能实现对物理流域的逼真呈现。

数字孪生流域是由很多模型构成的,而这些模型的基础是三角形,尽管三角形的数量非常多,但是我们所能看到的三角形数量非常少。这使得我们需要把很多不必要的三角形剔除,增加渲染的效率并节省时间。节级别(LOD)的概念,是指对于远处物体使用粗糙的版本,近的物体使用高精度的版本。但这些还只停留在模型级别,不能针对更大规模的三角形构成或者大规模的影视游戏场景。

本项目采用虚幻引擎技术进行数字孪生场景构建,主要包括Nanite与Lumen两项核心功能。

Nanite技术可以虚拟化几何体,极快的渲染超多的三角面,并且能够将很多的三角面无损压缩成很少。能够展示像素级别的细节,这使得几何体中的三角形也常是像素大小的,这个级别的几何体细节也要求阴影能够精确到像素。

Lumen是一套动态全局光照技术,可以实现实时光线反弹,可以包含多次反弹的全局光照,没有光照贴图并无须烘焙,启用Lumen之后,只要移动光源,光线反弹效果聚会跟着实时变化。Lumen能够对场景和光照变化做出实时反应,且无须专门的光线追踪硬件。Lumen能在任何场景中渲染间接镜面反射,也可以无限反弹的漫反射。使用Lumen创建出更动态的场景,可以随意改变白天或者晚上的光照角度,系统会根据情况调整间接光照。

4) DTS高渲染技术

采用DTS高渲染技术进行永定河流域的矢量栅格、激光点云、倾斜摄影、BIM、手工模型等;尺度从城市到楼宇,从地上、地下到室内;涉及从水利工程施工建造到运维管理的全生命周期的可视化。

DTS高渲染技术包括Explorer三维场景构建、Cloud云渲染服务、Engine孪生体数据治理引擎、SDK二次开发工具。

(1) Explorer

DTS Explorer是DTS高渲染平台中直接面向用户的桌面端产品、数据汇

集平台，可整合多源、海量的空间数据，并进行高质量、高性能的绘制，可实现场景特效，可在全空间、全要素、全过程、多尺度、可计算的数字孪生场景中漫游，并进行各种三维空间分析、矢量数据符号可视化、环境配置等操作。

配合 DTS Cloud，能快速自动将场景发布为高渲染云服务，也可以通过 DTS SDK 进行二次开发。

（2）Cloud

DTS Cloud 是高渲染云服务产品。在服务器的云端进行实时渲染，将渲染画面通过视频串流的方式实时传输到终端，供用户使用。用户在终端的操作同时也可实时反馈给云端，达到无插件、跨平台、跨浏览器的浏览和操作的一致体验。

通过云渲染串流的方式，终端无须进行运算和渲染。串流仅传输画面，不涉及模型等数据的传输，所以云渲染的方式对数据的安全保护级别要高。

（3）Engine

DTS Engine 是 DTS 高渲染平台的多源数据自动处理工具，将全空间、全要素、全过程、多尺度的海量多源数据存储为 3DT 数字孪生数据库，可处理数据涵盖空天地、地上地下、室内室外的全空间数据范围拥有栅格、矢量、倾斜摄影、手工模型、BIM、点云等众多数据类型，TB 乃至 PB 级别的海量大数据和毫米级激光点云、厘米级倾斜摄影等高精度数据。

DTS 平台支持多种数据格式及类型，包括地形影像、倾斜摄影、3DS Max 模型、SketchUp、MicroStation、Revit、Las 点云、矢量切片服务等。其中，点云数据、倾斜摄影、模型数据、栅格数据和 BIM 数据需要通过 Engine 发布处理为 3DT 数据库文件。

DTS Engine 可简单、快速对数据进行自动化处理，处理后的数据不但不会进行有损压缩，还会根据数据的原本特性或材质进行优化。

（4）SDK

DTS SDK 二次开发引擎提供开放的地理空间数据库数据引擎，通过数据引擎 API 可实现对数据库表结构的定义、实现对地理空间数据的属性编辑和几何编辑。包含 CIM 应用系统所需的相机控制、三维交互漫游、空间分析、环境配置、要素绘制等接口。

2. 可视化场景搭建

通过数据拼接、匀光匀色处理、像控联测、DOM、DEM 制作、模型渲染等工作，将遥感影像数据、DEM 数据及实景模型在场景上进行部署和集成，完成永定河流域三维场景的构建。

1）基础数据收集与整理

基础地理信息数据的收集以永定河流域范围内要表现的信息为主，其中，大幅面范围的流域水系、地形、覆被等影像通过卫星遥感影像数据获取，地形采用公开的数字高程模型。主要河道，补水工程、水库、闸坝、湿地景观等重点水利工程为数字正射影像和实景三维模型制作成果。册田水库和三家店闸两处重点水利工程为 BIM 建模成果。基础矢量数据通过裁剪、转化生成平台所能载入的三维点、线及标注数据。

2）场景实现

（1）水工建筑物建模。通过无人机倾斜摄影，以及实地测量参数实现水库、闸坝、测站等单个实体的建模，最后在三维场景中装配完成。

水工建筑物模型与河道三维模型叠加。纹理清晰，色调丰富、均衡，且基本一致。

（2）动态水面建模。对水面进行三维造型，充分考虑水体的真实性和水体在地表流动的物理特性。

（3）地表植被建模。借助高分辨率的影像来表现地表植被、湿地。

（4）地面纹理贴图。将人工现场拍摄、无人机航拍以及遥感影像所获取的目标区的纹理图像进行纹理贴图，对 DEM 格网面进行像素填充和 RGB 图像映射。

（5）添加注记。通过文字标示牌注记山脉、河流、行政区，名称和坐标与基础地理信息一一对应，方便浏览。

3）模型检查与检验

从数据格式、空间坐标、几何结构、纹理样式等多方面对模型进行检查与检验，对模型空间小、尺度地物建模效果不好、地形不匹配等情况进行修补。完成场景搭建。

5.3.1.3 自然背景模型

自然背景可视化模型针对多源、多维、多时空分辨率、不同坐标系数据，采用数据融合技术与细节层次区分（LOD）技术对区域大范围影像、地形、河流、道路、建筑、工程、模型模拟结果等多对象进行三维可视化渲染，实现在不同分辨率等级和视角下采用不同精细程度的细节来展示同一场景，以提高场景的显示速度，来辅助实现实时显示和交互。

基于地理空间数据及天气、时间等数据，自然背景可视化模型分为自然环境、地理场景、基础地理实体等类别，从宏观、中观、微观不同尺度渲染展示自然

背景。

(1) 自然环境模型

包括天气、光照、云层等，将各要素按照不同分级特性进行可视化展示。

(2) 地理场景模型

包括永定河流域数字高程模型(DEM)、数字正射影像(DOM)、倾斜摄影影像、水下地形等数据，按照相关图式标准进行可视化展示。

(3) 基础地理实体模型

包括行政区划、居民地(点)、建筑、道路、植被等基础测绘数据，河流、湖泊等水利专业空间数据，以及土地利用、土壤类型等专题数据，按照国家和水利行业相关图式标准进行可视化展示。

5.3.1.4 流场动态模型

基于数字孪生技术，为洋河、桑干河、永定河、永定新河河道，打造河流的动态流动仿真模拟，辅助由物理世界向数字虚拟世界的动态数字化映射。利用监测数据、跨行业共享数据以及水利专业模型与智能识别模型的分析计算成果等，从宏观、中观、微观不同尺度渲染展示流场动态，相关要素包括降水量、水位、流量、流速、流向、水质等。根据要素的物理特性将流场动态分为标量场、矢量场和组合展示等类别。

(1) 标量场模型。展示降水量、水位、流量、水质等单一标量要素，主要采用等值线、等值面、热力图等方式展现标量要素在空间上的变化规律与分布特征。

(2) 矢量场模型

展示流速(含流向)等单一矢量要素，主要采用纹理或粒子流等方式表现矢量要素在空间上的移动路径。

(3) 组合展示模型

对于洪水演进等既有标量又有矢量的应用场景，可叠加运用等值线、等值面、流场纹理、粒子运动等方式进行综合可视化展示。

5.3.1.5 水利工程模型

基于数字孪生技术，结合水库、水闸、堤防、水电站、泵站等实体精模、倾斜摄影和 BIM 模型，来辅助构建虚拟化水利工程可视化模拟场景。水利工程包括水库、水闸、堤防、泵站、灌区、蓄滞洪区等，主要利用水利工程三维模型从宏观、中观、微观不同尺度展示水利工程的基础信息和监测信息。

1. 资料准备

(1) 影像整理

五镜头数据应按照前视、后视、左视、右视、下视分类存放，并对影像数据进行整理与重命名，以确定影像的唯一标识。在下视影像数据原名前分别添加“D”，其他倾斜影像数据按照拍摄方向分别在原名前添加“B”、“F”、“R”和“L”，各文件夹内影像数量一致，如有多片或少片，应及时检查文件命名，删除错误图片。对于影像质量较差的照片，进行简单色彩处理，使其保证后续数据处理的效果。

(2) 相机参数及 POS 数据整理

倾斜影像导入时，首先创建 Photogroups 文件，将航摄时的下视及倾斜影像相机分别命名为 CAM01、CAM02、CAM03、CAM04 与 CAM05，设置像幅宽与高、相机焦距、像素大小及相机方向等参数；然后创建 Photos 文件，按格式要求编辑获取的下视影像及倾斜影像文件名、影像路径及解算好的 POS 数据；最后创建 ControlPoints 文件，将外业采集控制点按照点号、经纬度及高程的格式进行编辑。

(3) 影像数据分区文件整理

模型计算采用集群式 GPU 计算，须考虑运行服务器所能承受的最大运行内存，根据倾斜影像航迹线及像控点分布情况，划分空三处理的区域，并编辑分区后的相片文件，最后生成包含相片分组信息、相片信息、控制点文件的各分区影像的分区文件。

2. 空三工程建立

按分区分别建立空三工程，将整理好的数据一键导入工程中，检查影像、POS 等数据信息是否有误，能否正常读取照片；若有错误，对分区文件进行修改，并重新导入软件中读取影像。

3. 空中三角测量

(1) 像方连接

首先进行大量特征点的提取，对获取的特征点采用多视匹配和密集匹配等技术进行同名点匹配，然后进行迭代平差优化、畸变差校正等步骤获取精确的外方位元素。

(2) 像控点量测

根据外业测量像控点的点之记文件，在下视影像及倾斜影像相应位置分别添加像控点。像控点选取要求影像清晰，选点处无遮挡，点位远离影像边缘，每个像控点刺点选取约 15 张影像即可。

(3) 区域网平差

在测区内添加像控点后，点击平差工具进行区域网平差，经过多次平差计算、剔除或改正粗差、反复调整控制点的点位和刺点精度等工作，使最终空三精度满足项目要求。

4. 影像匀光匀色

根据空三平差计算结果，利用影像处理软件对影像进行亮度、对比度、色彩平衡、锐化等调整，使影像色彩明亮、边缘清晰、航带间影像色调无明显差异、区域影像色彩明亮度基本一致。

5. 模型构建

(1) 模型构建

根据空三成果，进行三维模型构建。按照项目要求确定模型空间坐标系统后，考虑到模型计算所需空间及时间，按 100 m×100 m 瓦片大小输出，质量选择为最高，格式选择为 OSGB 格式。

(2) 模型接边

在模型进行分区计算时，为保证不同区块之间的模型接边精度，在分区时要求相邻区块间重叠区域要保证 2～3 个共用像控点。在将分区域构建的模型进行接边整理时，只需要对区域间重复瓦片进行筛选，删除重复瓦片，确保不同分区之间的模型分块纹理完整，接边自然过渡即可。

6. 模型整饰

将构建完成的实景三维模型导入实景模型编辑软件，进行模型修饰，修饰内容如下：

(1) 悬浮物：将模型中微小的、悬浮于模型上方或下方的瓦片删除；

(2) 水面：在构建的实景三维模型中，将凹凸不平或破损的水面进行修补、踏平处理，并对修补的水面进行纹理贴图，使其与原水面颜色一致；

(3) 路面：构建的实景三维模型中，路面上可能存在破损或残缺的车辆、行人模型，对此类由于物体运动导致的模型残缺或破损，进行踏平、修补处理，并将修补、踏平后的模型瓦片进行纹理贴图，使其与路面颜色、纹理一致。

5.3.1.6 水利机电设备模型

基于数字孪生技术，对具体水库坝体、地形地貌、水情态势、闸门开闭、设备(电站机组/排涝泵/水文站等)运行态势等要素信息进行真实复现，对库区天气、水情、浸润线及位置、视频监控等信息进行实时监测；同时结合专业模型算法、AI 应用，对水库水雨情、流量水量、有功出力、坝体位移、发电负荷等关键指标进行多维度综合分析，对异常态势进行实时预警告警，辅助进行水资源和防洪“四预”精准决策和研判。主要利用机电设备三维模型从中观、微观尺度展示机电设备的基础信息、监测信息。

(1) 基础信息

基于水利工程场景，展示水利工程内部机电设备组成结构(模型精细度等级LOD2.0 至 LOD3.0 级别)。

(2) 监测信息。结合机电设备运行实时监测数据，渲染展示电气设备、机械辅助设备等运行工况和动态效果。

5.3.1.7 “四预”过程模型

基于物联网、云计算、大数据、数字孪生、“可视化”追踪等技术，结合超大规模水文水动力学模拟结果，对水资源调度的水流流向、流速、流量进行实时仿真演示。真正实现业务数据和三维数字场景的融合，形成虚实结合、孪生互动的永定河流域数字孪生体。

(1) 溃口可视化模型

基于重点河段水文数据与河岸周边环境倾斜摄影数据，模拟实现溃口效果，支持通过参数控制溃口的大小。

(2) 漫堤可视化模型

针对洪水在卢沟桥—梁各庄区间演进情况，模拟大洪水漫堤情况。针对卢梁段堤防超高设计不足的区域，通过设置溃口位置与宽度，模拟洪水溃决效果。

(3) 洪水淹没可视化模型

调用二维水动力模型，进行永定河泛区内洪水演进与淹没分析、人员转移安置等可视化表达。叠加人口、经济、区域面积实现受灾分析，叠加人口、区域数据、提供转移安置方案，呈现转移安置路线。对洪水淹没对象进行迁移指引示意。

(4) 开闸放水可视化模型

构建开闸放水的特效模型，编写闸门启闭及调用的可视化脚本，支持通过运行数据驱动闸门的开度和放水效果。实现不同流量下开闸及出水效果，出水大小效果能够反映流量。可设置任意闸门开启与关闭，可根据调度规则(下泄流量500、800、1 000、1 500、2 500 m^3/s 等)，默认设置各闸门开启高度。

(5) 生态调水可视化模型

在宏观场景中，动态展示调水过程，显示补水线路、区间段输水率、补水重要节点位置、当前放水工程、输水水头的空间位移变化过程。

5.4 数字模拟仿真引擎

利用整合、扩展、定制和集成等方式，打造数字模拟仿真引擎，提供模型管理、场景配置、仿真设计等功能，对不同类型的数据、模型进行有效组织，使多维度、动态更新的数据能与水利专业模型、可视化模型进行挂钩嵌套，驱动各类模型协同高效运转，拓展提升模型算力，使决策者能从虚拟世界中直观感受到外界发生变化，实现数字孪生流域与物理流域同步仿真运行。

模拟仿真引擎由模型管理、场景配置、仿真设计三部分组成，模型管理基于微服务体系架构进行开发，利用组件、工作流等技术实现水利专业模型、智能分析模型、可视化模型的组件化，并提供模型的统一注册、发布服务。仿真设计提供水利专业模型计算引擎与可视化模型模拟仿真引擎。场景配置基于模型管理，为数字孪生业务仿真提供数字化场景的搭建。

5.4.1 模型管理

模型管理功能基于微服务体系架构进行开发，利用组件、工作流等技术实现水利专业模型、智能分析模型、可视化模型的组件化，并提供模型的统一注册、发布服务。水利部和各流域管理机构根据自身模型建设需求，通过模型管理功能注册和发布自有的模型组件，也可通过模型管理功能调用自身需要的模型组件。模型管理包括水利专业模型管理与可视化模型管理。

5.4.1.1 水利专业模型管理

水利专业模型管理从功能结构上分为数据管理、模型管理和模型计算引擎三部分。数据管理为模型提供数据服务，支撑模型的运行计算；模型管理提供水利专业模型的通用算法支持，实现模型的动态化管控和静态化配置；模型计算引擎基于特定水利对象进行通用模型的挂接与组装，为对象提供特定业务的专业模型计算服务。

1. 数据管理

数据管理模块为水利专业模型提供数据服务，支撑模型的运行和计算。根据水利专业模型计算的需求，数据服务重点涉及基础站点数据、水利工程数据、气象数据、雨情数据、水情数据及水质数据等。

1）数据服务发布

提供模型所需的基础站点数据、水利工程数据、气象数据、雨情数据、水情数据及水质数据服务的发布功能。

2）数据服务查询

提供已发布数据服务的查询与预览功能，可根据服务类别、服务名称、数据时间进行筛选。

3）数据服务调用

提供已发布数据服务的调用测试功能，通过设置指定的输入条件，快速获取数据结果。

2. 模型管理

模型管理实现水利专业模型的动态化管控和静态化配置，通过模型目录的管理，完成模型的注册、调用、管理及升级完善，实现模型的安全访问、有效管控和日志审计等功能。从功能角度分为模型分类管理、模型注册管理、模型调用配置以及日志管理模块。

1）模型分类管理

提供模型类别的新增、删除、修改及查询功能。模型类别重点涉及水文模型（如API产流模型、新安江模型、河北雨洪模型、马斯京根汇流、考虑下渗马斯京根、线性回归法、水量平衡法、单位线汇流、分布式预报模型等）、水力学模型（如MIKE 11、MIKE 21、HEC-RAS、IFMS、InfoWorks RS等）、水质模型（如EFDC、QUAL、WASP等）、地下水模型（如：GMS、MODFLOW、MIKE SHE等）。

2）模型注册管理

提供模型注册、更新以及取消注册等管理功能。模型注册指模型提供单位根据《数字孪生流域模型平台封装注册技术要求》进行模型封装后，通过本模块进行注册形成通用模型库，实现模型的统一管理与应用。注册的内容重点涉及模型名称、模型简介、模型版本、模型提供单位、模型调用方式、模型执行类型、模型运行描述文件等。

3）模型调用配置

注册成功后的各类模型，通过本模块解析模型运行描述文件，获取模型的服务接口，并提供模型的调用与运行测试，确保模型的可用性。服务接口重点涉及模型授权测试、模型计算测试、模型运行状态等。

4）日志管理

提供模型相关的操作日志与运行日志监控与记录，实现模型的安全访问、有效管控和审计等功能。

3. 模型计算引擎

模型计算引擎用于支撑水利专业模型数据加载及模型计算，依据标准的输入输出数据结构、模型接口和模型组装方式，实现模型的统一管理及面向不同业

务、不同场景、不同目标的水利模型灵活配置和调用，为外部应用和可视化模型提供计算和数据服务。

1）对象模型配置

实现通用模型与面向不同业务、不同场景、不同目标的对象模型的挂接与组装，并配置对象模型的计算顺序、耦合顺序、输入、输出以及默认参数。

2）对象模型计算

对象模型计算根据配置完成的业务场景，通过设置模型所需的输入，并驱动模型进行单独或串、并联耦合计算，同时提供模型计算结果及中间过程日志的管控功能。

3）对象模型服务

将对象模型的输入、输出通过该模块封装成统一的标准接口，供上层业务应用进行调用。以永定河系防洪调度模型为例，模型的输入将雨情数据和预报降雨数据进行统一结构封装，模型输出按控制工程调度结果进行封装组织，简化业务应用层的调用逻辑。

4. 接口定制开发

1）Web 应用系统接口

模型服务经过整合封装，建立遵循 Web Services 的服务端和客户端的接口，建立通信端口的 Web Services 服务调用。包括不同时间尺度径流滚动修正预报模型、河湖水系统全过程水动力学模型、河道输水水量损失评价模型、基于模拟优化框架的生态水量调度模型、生态补水效果评估模型、考虑取用水过程的地表-地下水耦合模拟模型 6 类模型，各类模型开发遵循通用的模型接口形式，不同的仅是输入输出拓扑、属性表达的 key、和调用时的模型 id 不一样，这样就能形成模型的统一调用和管理。

2）数据接口

模型运算涉及的数据库包括基础数据库（基础水文数据表、空间数据表）、监测数据库（实时雨水情监测数据表、地下水监测数据表、水资源监测数据表）、业务数据库（径流预报数据、水量损失数据、水头演进数据、生态水量调度数据、地表水地下水交互数据）。数据资源的存储管理和数据结构严格遵照水利部及行业相关标准进行建设，数据库连接方式采用 JDBC 等标准数据库访问接口，并可通过配置文件、系统设置等方式进行设置。

3）模型服务发布方式

模型服务最终以 Web Services 的形式发布于互联网，通过解析通用模型描述接口获取服务的调用说明，包含调用方式，输入输出形式。业务应用绑定服务后传输对应的请求，模型平台服务端即可响应，并完成对服务的调用。

4）模型服务调用接口设计

模型接口是外部调用模型的最终体现，对于平台以外的模型使用者来说，其只与模型接口服务进行交互，通过接口服务进行模型初始化、模型计算等操作。

（1）消息安全原则

外部系统在调用模型平台提供的接口时，须完成接口对外部系统的接口调用授权，采用MD5的加密方式进行外部系统的接口调用权限的验证。每个接口必须传递：时间、用户代码，MD5散列值。其中MD5散列值=（“时间”+“秘钥”+“用户代码”）。防止非法请求对数据的篡改。调用者通用模型平台的授权后，形成可供一周时间调用的授权码，当授权码到期后，调用者需要再次申请授权。

（2）接口关系设计

模型平台采用RESTful接口方式对外提供服务，供业务应用调用模型、查询数据、并进行统计分析。模型平台内部的耦合计算会涉及多个模型计算服务的调用，模型平台通过通用模型库和对象模型库的建设进行模型之间的耦合和组装。

（3）通信接口

遵循标准通信协议，主要包括TCP/IP、HTTP、HTTPS、SOAP等。

5.4.1.2 可视化模型管理

通过编辑器实现可视化模型管理，主要模块包括场景管理、实体模型管理、高级编辑、数据库管理、视图管理、漫游管理与工具模块。

（1）场景管理

场景管理模块提供可视化模型组成的综合场景在模型管理平台的管理和可视化功能，包括场景打开、场景新建、场景加载渲染等子模块。

（2）模型管理

模型管理模块提供模型在模型管理平台的导入、加载、缩放、平移、旋转等功能，包括模型导入、模型删除、模型空间变换等子模块。

（3）模型编辑

模型编辑模块提供对模型和场景的地形、水面、光照、文字、动画、流场效果、粒子特效、天空盒背景等要素的编辑功能，包括地形编辑、水面编辑、光照编辑、文字编辑、动画编辑、流场效果编辑、粒子特效编辑、天空背景编辑等子

模块。

(4) 数据库编辑

数据库编辑模块提供对模型和场景所关联的数据库编辑功能，包括数据表编辑、数据字段编辑等子模块。

(5) 视图管理

视图管理为用户提供在模型管理平台中调整操作视图的功能，支持顶视图、侧视图、三维视图等多种视图。

(6) 漫游管理

漫游管理支持对第一人称和第三人称漫游的方式和漫游路径进行管理的功能，包括漫游方式管理、路径漫游管理等子模块。

(7) 工具模块

工具模块提供模型管理平台所需的一些辅助工具，如鼠标拾取工具、模型和组件装配工具等。

5.4.2 场景配置

场景配置功能包括场景生成、数字映射、可视化呈现和虚拟融合服务等功能。

1. 场景生成服务

通过数据处理服务，将矢量数据、影像高程、倾斜摄影数据、高精度地图数据、通用模型数据、BIM数据、点云数据等转化生成为全要素场景底板。场景生产服务包括场景要素配置模块和场景脚本自动生成模块。

(1) 场景要素配置

场景要素配置模块支持用户创建新场景，并在场景中使用数字映射服务提供的可视化模型，以可视化交互界面的方式配置场景要素，支持配置的要素包括场景基础环境要素、流域要素、水利工程要素等。

(2) 场景脚本自动生成

场景脚本自动生成模块支持根据用户通过可视化交换界面配置的场景要素，自动生成场景脚本，模拟仿真引擎程序，能够读取并解析场景脚本，实现数字化场景的仿真渲染。

2. 数字映射服务

通过地理编码、BIM编码与其他编码技术，把数据治理后的基础数据、跨行业共享数据、监测数据、业务管理数据、空间地理数据等多维多尺度时空数据，映射到全要素场景底板中，用来支撑工程调度等业务应用。

（1）基础数据映射

基础数据映射能够实现基础地理空间类、水利空间类、水利基础类、基础水文类、社会经济类等数据在模拟仿真引擎构建的数字孪生虚拟空间的映射。支持将基础地理空间类和水利空间类数据基于其空间位置属性映射为可视化模型。

（2）跨行业数据映射

跨行业数据映射能够实现对流域内网络舆情、气象等数据在模拟仿真引擎构建的数字孪生虚拟空间的映射。

（3）监测数据映射

监测数据映射能够实现水情、雨情、工情、水质、地下水位、取用水、水利工程安全运行监测数据、视频等数据在模拟仿真引擎构建的数字孪生虚拟空间的映射。

（4）业务管理数据映射

业务管理数据映射能够实现"2＋N"水利业务应用相关的数据，包括水资源管理与调配、流域防洪、工程建设与运行管理、河湖管理、节水管理与服务、流域水文化等数据在模拟仿真引擎构建的数字孪生虚拟空间的映射。

（5）空间地理数据映射

空间地理数据映射能够实现 DOM（数字正射影像图）、DEM（数字高程模型）、倾斜摄影影像数据、水下地形、BIM（建筑信息模型）等 L1、L2、L3 三级数据在模拟仿真引擎构建的数字孪生虚拟空间的映射。

3. 可视呈现服务

配置可视化方式，包括地理空间可视化与图表可视化（包括数显表、曲线图、饼状图、柱状图等形式），从而对数据以及算法仿真结果进行表达展示。

（1）地理空间可视化

地理空间可视化模块面向基础地理要素、水利空间要素、水利工程 BIM 模型等具有地理空间属性的场景要素提供可视化表达能力。

（2）图表可视化

图表可视化模块面向具有数据统计属性的场景数据要素，提供数显表、曲线图、饼状图、柱状图等形式的可视化表达能力。

4. 虚实融合服务

接入实时数据，包括监测数值、操作指令、视频等，配置实时数据与数字化场景的交换关系，实现双向映射；将数字化场景注册融合到 AR、VR 设备，实现虚实融合展示。

(1) 实时数据接入

实时数据接入模块提供通过数据交换共享平台、物联网平台接入水情、雨情、工情、水质、地下水位、取用水、水利工程安全运行监测等实时监测和视频数据的功能。

(2) 实时数据关联

实时数据关联模块根据实时接入数据的关联空间实体，将实时数据与数字化场景中的实体要素进行关联配置，实现数字孪生世界与现实物理世界双向映射。

(3) 融合数据渲染

融合数据渲染模块提供将关联实时数据后的数字化场景进行渲染输出的能力，支持渲染输出能力对主流 AR、VR 设备的适配。

5.4.3 仿真设计

可视化模型仿真引擎是支撑数字孪生流域可视化的基础工具，通过多源异构数据加载、多维度场景表达、物理环境高仿真还原与专业模型耦合处理，实现可视化场景渲染与计算。

主要功能包括模拟渲染和仿真计算，即通过创建场景，加载 GIS 数据、BIM 数据等构成基础底板，配置光源、材质、动画、粒子效果与几何图形，构建高仿真、动态化的虚拟场景，利用碰撞分析、摄像机、数学转换实现场景交互与漫游；对水利专业模型计算结果进行耦合处理，并注册到虚拟空间，实现交互式联动、计算反馈与展示。

1. 模拟渲染

模拟渲染模块负责根据水利专业模型的计算结果与模型场景的配置数据，利用可视化模型管理模块提供的各类要素可视化模型，实现场景静态分布和动态演进的三维高仿真渲染。

(1) 场景组件

场景组件为模拟仿真引擎提供场景的可视化渲染能力。场景组件能够集成和调用其他组件，基于水利专业模型演算数据驱动数字化场景的仿真。

(2) 光源组件

光源组件为模拟仿真引擎提供光照模拟能力。提供多种光线模型来模拟现实光照，包括直接光照、间接光照、全局光照、实时光照、烘焙光照等。

(3) 材质组件

材质组件为模拟仿真引擎提供模型的外观材质属性，材质属性包含颜色和纹理数据，支持在材质中引用着色器对象丰富材质特性。

(4) 几何组件

几何组件为模拟仿真引擎提供模型形状的几何网格数据描述，支持对几何网格数据的解析和输入输出。几何网格由顶点、索引、拓扑关系等数据组成，支持对网格数据生成多级 LOD。

(5) 动画组件

动画组件为模拟仿真引擎提供使实体模型随时间移动或改变形态的模拟能力。支持模型整体动画和模型结构形变动画等多种动画方式。

(6) 调度组件

调度组件为模拟仿真引擎提供复杂大场景中多类型要素模型的调度能力。支持计划调度和实时调度两种调度方式。

(7) 碰撞组件

碰撞组件为模拟仿真引擎提供物理碰撞的效果模拟。碰撞组件通过不可见的碰撞体实现碰撞的计算仿真，支持盒型碰撞体、球形碰撞体、胶囊碰撞体和复合碰撞体。

(8) 粒子组件

粒子组件为模拟仿真引擎提供模拟火、烟或液体之类的动态对象的能力。粒子组件通过渲染许多小图像或网格组成的粒子以产生视觉效果。每个粒子代表效果中的单个图形元素。粒子组件共同模拟每个粒子以产生完整效果。

(9) 摄像机组件

摄像机组件为模拟仿真引擎提供将三维世界平面化为观察者二维屏幕的摄像机视图捕获能力。支持摄像机的创建与空间变换，支持透视和正交两种摄像机投影模式。

(10) 数学库组件

数学库组件为模拟仿真引擎提供模型空间变换、动画、着色器等所需的数学函数库，包括向量类型、向量计算、矩阵变换、三角函数计算等。

2. 仿真计算

仿真计算为可视化模拟引擎提供后台计算支撑能力，包括调度控制、仿真控制、算法计算等服务。

(1) 定时轮询与加载

定时轮询与加载模块支持模拟仿真引擎按照定时轮询机制对场景要素进行计划调度，加载调度模型以及实时数据。

（2）算例配置与解析

算例配置与解析模块支持用户基于可视化交互界面自定义配置算例或导入已有算例，提供在场景模拟仿真过程中实时调用和解析算例，输入数据并获取计算结果。

（3）场景匹配与推算

场景匹配与推算模块能够读取并解析场景配置脚本，根据脚本内容在仿真引擎中调用各类要素的可视化模型生成可视化场景，能够根据水利专业模型的计算结果实现场景态势的演进以及动态可视化效果。

5.4.4 二三维平台联动

将二维矢量数据、地形数据、影像数据、三维模型数据存储到完全统一的数据库中，通过数据引擎高效访问空间数据，建立概化图、平面图、三维仿真影像的联动机制，实现数据可视化和空间分析上的一致性。

利用 GIS 软件及 BIM 基础支持平台，形成 GIS＋BIM 基础支持平台，作为数字场景的数据驱动引擎，实现承载永定河水资源实时监控与调度所涉及区域的空间实景与建筑物虚拟场景；承载永定河沿线全部三维地理信息，包括多比例尺的高程信息、影像信息；承载永定河水资源实时监控与调度所涉及的水利建筑物 BIM 模型，包括建筑物内部结构、几何信息、属性信息、过程信息和管理信息，实现数据一致性、可视化一致性和空间分析一致性。

5.4.4.1 联动关系

建立三维数字场景和平面地图在展示层面与数据层面的联动关系。通过调整投影或构建定位算法，使平面地图中的地理坐标与三维数字场景位置相对应，建立坐标转换和传输机制，通过事件触发机制实现位置变化实时同步，使二三维数据空间位置准确定位，显示范围精确对应。同时，通过将三维场景中的地物与平面地图中的矢量数据相对应，保持数据操作和空间分析的一致性，实现数据层面的联动。

建立概化图与三维数字场景、平面地图的联动关系。通过确定坐标基准或建立概化图中的要素与三维数字场景中的地物、平面地图中的矢量数据对应关系等方式，实现空间位置的对应，通过事件触发机制，实现位置变化实时同步。

5.4.4.2 响应功能

三维仿真影像、平面地图和概化图之间的联动响应，主要包括数据一致性、可视化一致性和空间一致性。

1. 数据一致性

在数据层面上保证三维场景、平面地图、概化图的一致性。

（1）三维数字场景和平面地图的数据通过统一的数据模型进行存储，从数据层面保证数据的一致性。数据通过数据库存储，提供数据版本控制功能解决数据编辑过程中的冲突问题，保证数据的一致性。

（2）概化图和三维数字场景、平面地图通过统一的编码进行关联，保证属性数据和业务数据的一致性。

2. 可视化一致性

三维数字场景和平面地图可以实现实时联动响应，概化图和三维数字场景、平面地图之间需要通过点击进行联动响应。

1）实现不同底图或场景的显示或隐藏控制，支持底图切换、分屏显示、卷帘效果、图层叠加、图层半透明显示等功能。

（1）在三维数字场景、平面地图、概化图之间可以实现不同底图的切换，包括行政区划图、遥感影像图、地形图的切换。

（2）提供三维数字场景、平面地图、概化图的分屏展示，支持单屏、双屏、多屏的不同布局展示。

（3）支持不同场景的卷帘效果，支持上下、左右等方向的卷帘效果。

（4）支持图层叠加，通过统一的图层控件实现同步控制，保持不同场景要素显隐的统一。

（5）支持半透明显示，选择要设置的图层，设置透明度值，实现不同图层对比展示。

2）在数字场景漫游，在平面地图显示相应位置。三维数字场景和平面地图通过事件机制实现位置同步。三维场景漫游时，二维地图展示相同的空间范围；二维地图漫游时，通过倾斜角计算算法控制相机位置，实现三维场景的同步漫游。

3）不同底图相互切换或者切分窗口浏览时，地图视野和中心点坐标一致。图层内容、显隐一致，实现不同视角、维度的无缝跳转。

4）在某一地图查询水利要素信息时，其他地图相应要素高亮。不同地图相同要素图标尽量相同，使拉框查询或者属性查询要素时，不同地图中要素同时高

亮显示。

5）概化图和三维数字场景、平面地图通过点击操作实现位置定位。在概化图场景中点击要素，根据编码搜索要素的空间位置，在平面地图中缩放到相应位置，在三维数字场景中还需要调整相机倾斜视角和飞行效果。

3. 空间分析一致性

同一空间分析结果可以在概化图、三维数字场景、平面地图不同场景中以不同的视角渲染展示，在某一场景中选中要素，其他场景中的同一要素同时高亮，反之亦然。在平面地图、三维场景地图中的距离测量和面积测量的数值应一致。

6

基于大语言模型和知识图谱的永定河知识平台研究

知识平台是数字孪生流域建设的重要组成部分，通过知识图谱和机器学习等技术实现对水利对象关联关系和水利原理、规律、规则、经验等知识的抽取、管理和组合应用，为数字孪生流域提供智能内核，支撑正向智能推理和反向溯因分析。平台主要包括水利知识库和水利知识引擎，其中水利知识库提供描述原理、规律、规则、经验、技能、方法等信息；水利知识引擎是组织知识、进行推理的技术工具，水利知识经知识引擎组织、推理后形成支撑研判、决策的信息。知识平台应关联到可视化模型和模拟仿真引擎，实现各类知识和推理结果的可视化。

通过对流域涉水知识的数字化采集、管理组织与综合应用，推进预报调度等"四预"过程一体化，支撑物理流域与数字孪生流域交互同步，提高流域监管与调度决策的科学性，实现各类水利业务流转的自动化与智能化。总体建设内容包括水利知识库和知识引擎建设，形成对水利知识的统一管理，为数字孪生平台数据和模型调用提供智能内核。

知识源主要解决平台构建的数据获取问题，包括采集业务数据、文件、声音、图像、互联网资源等源知识，由数据底板统一管理。其中数据底板中涉及知识平台的数据又包括基础数据（河湖、水库等对象的属性、空间信息）、地理空间数据（遥感图像）、业务管理数据（水工程调度规则、洪水预案、行业标准规范等）、监测数据（断面测站的水文、气象信息，以及历史暴雨洪水和干旱场景数据）等。

通过水利知识库建设，构建水利知识组织的统一框架、形成统一编码方法，完成涉水对象关联关系、业务规则、历史场景、预报与调度方案等水利知识的建模与表达，建立相关知识抽取、转换方法，完成从源数据中采集、抽取知识的过程。

通过水利知识引擎建设，建立水利知识库运维和知识服务平台，提供知识更新、维护工具，开发知识库与模型平台与业务应用系统的交互接口，为预报模型参数设置提供知识，为业务管理提供准则，为决策提供预案、专家经验、历史相似场景参考。

6.1 水利知识

以知识图谱为技术框架，重点对防洪管理、水资源管理等业务的水利知识进行提取组织和挖掘，构建持续迭代的水利知识体系，为决策分析提供知识依据。包括水利对象关联关系、预报调度方案、业务规则、历史场景、专家经验等。

6.1.1 水利对象关联关系

水利对象关联关系以知识图谱形式用于描述物理流域中的江河湖泊、水利工程和水利对象治理管理活动等实体、概念及其关系，包括水利物理对象关系图谱和水利学科知识图谱两部分。水利物理对象关系图谱描述物理流域中江河湖泊、水利工程、涉水人员与机构的基本属性与关联关系，水利学科知识图谱描述水利领域定义、原理、规律、方法等中的概念实体及关联关系，二者联合构成水利知识底板，是水利知识体系构建的共性基础，支撑水利细分领域知识的关联融合、水利知识的统一检索和快速定位。

知识图谱构建包括建立模式层、收集知识源素材、开发知识抽取算法、知识节点编码与图谱数据填充 4 步流程，详见图 6-1。

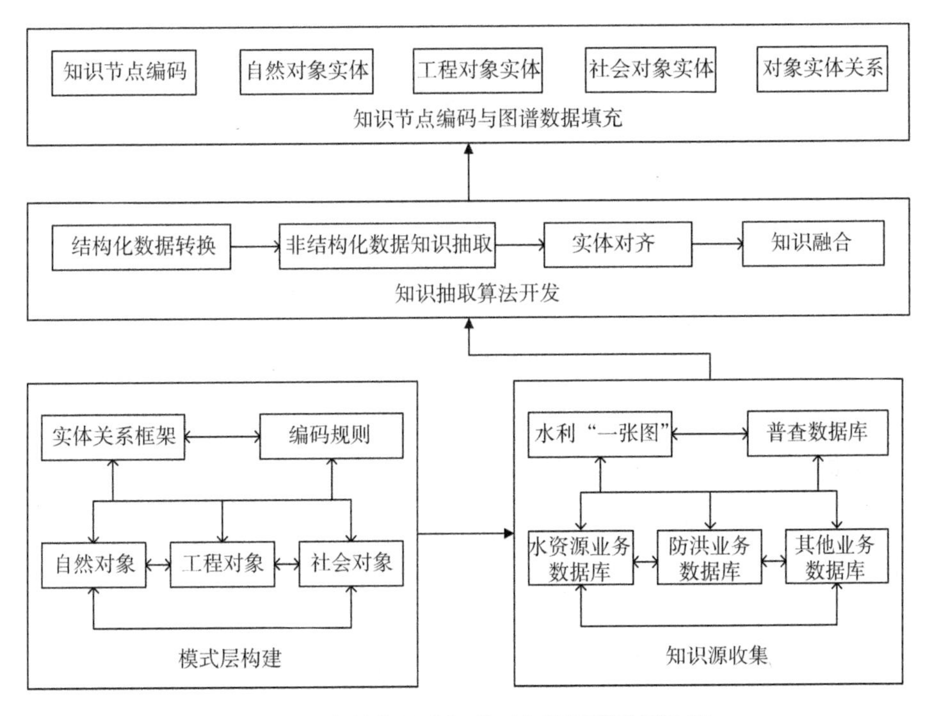

图 6-1 水利物理对象-关系知识图谱建设流程

6.1.2 预报方案库

预报方案知识库从典型历史水文预报场景的方案中进行结构化知识抽取，重点存储和管理洪水预报、水资源来水预报、水沙预报、需水预测等预报模型方案，并通过与水文预报业务相关的水利对象、现实场景相关联，支撑主要业务领域的智能预报，为洪水预报、水资源/水沙调控预报、水资源来水预报等业务提供智能化的模型及参数推荐服务。

水资源来水预报方案库，包括水文站监测情况，主要是水位、流量资料，水位流量关系资料；流域内雨量站的时段雨量资料；流域内蒸发站的日蒸发资料等，实现不同流域/区域，供水工程来水预报模型及参数推荐。

6.1.3　调度预演知识库

依托《永定河干流水量分配方案》《水量分配暂行办法》《水资源调度管理办法》《水库调度设计规范》《永定河生态水量调度方案》《水库调度规程编制导则》等，以构建水利工程调度预案库为核心，重点采集、存储、管理对主要业务预警场景的处置预案知识等，包括防洪调度、水资源调度、水沙调控调度等知识库。基于知识图谱的统一框架，将调度预案、规则文件数字化、结构化，并与相关涉水对象相关、知识动态关联，对复杂场景工程调度提出推荐方案。

水资源调度预案库，包括水工程概况、水文条件、调度权限、运用条件等内容。其中，调度原则、运用条件等直接用来为水工程管理业务提供知识服务，工程的名称、流域等基础信息，支撑与水利对象知识图谱的对齐与融合。

水工程概况：包括水工程名称、类型、位置、管理机构、影响范围等。

水文条件：包括水文气象条件、来水特征、工程断面水量水位情况、流域产汇流特征等。

调度权限：包括水工程调度的运行管理机构、调度方案的决策机构等。

运用条件：包括水工程调度的操作规范、汛期与非汛期的控制水位、下泄流量指标、降雨量指标等。

6.1.4　历史场景库

历史场景库存储管理历史洪水、历史干旱和突发水污染等事件的代表性特征、分类、处置过程、事件成因及评价结论等相关知识，对历史洪水、干旱等场景进行过程重建、特征标注，支撑相似场景的快速查找，为预案预演模拟提供素材。

6.1.5　业务规则库

业务规则用于描述一系列可组合应用的结构化规则集。将相关法律法规、规章制度、技术标准、管理办法、规范规程等文档内容进行结构化处理，通过对业务规则的抽取、表示和管理，支撑新业务场景的规则适配，规范和约束水利业务管理行为。业务规则库建设，重点采集、存储、管理主要业务的预警研判规则，为复杂场景、多目标控制下的防洪、取用水和用水总量监管、河湖生态与地下水保护恢复等业务的预警研判提供支持，支撑实现水利管理预警的智能化。

6.2 水利知识引擎

水利知识引擎主要实现水利知识表示、抽取、融合、推理和存储等功能。知识表示利用人机协同的方式构建水利领域基础本体和业务本体，实现陈述性和过程性知识表示；知识抽取采用统计模型和监督学习等方法，结合场景配置需求和数据供给条件，构建实体-关系三元组知识，并抽取各类水利对象实体的属性，对水利领域实体类别及相互关系、领域活动和规律进行全方位描述；知识融合针对多源知识的同一性与异构性，构建实体连接、属性映射、关系映射等融合能力；知识推理通过监督学习、半监督学习、无监督学习和强化学习等算法，构建水利推理性知识；知识存储采用图计算引擎管理和驱动水利知识，实现超大规模数据存储。

6.2.1 知识抽取

针对水利领域数据具有类型异构多样，信息离散多源等特点，结合场景配置需求和数据供给条件，基于水利专业知识定义各类水利对象与学科知识间的关系体系，利用弱监督与句法语义分析结合的自适应知识抽取技术，对水利领域实体类别及相互关系、领域活动和规律进行全方位描述，完成水利知识抽取，从数据层、技术层和应用层等角度构建永定河水利综合知识图谱方案，实现围绕关键词、特殊组织的实体、关系与属性的精准抽取。

6.2.2 知识融合及存储

知识融合主要是将同一实体或概念描述的不同数据源统一起来。多源异构的知识之间会存在重复、语义多样、质量参差不齐等问题，需要进行实体消歧、实体对齐等操作。采用语义融合、结构融合算法，将多种来源的知识有机融合在一起，使异构的多源知识相互沟通，高效准确地实现不同知识的融合，形成高质量知识图谱。可为永定河流域生态调度推荐方案等提供有效的知识支撑。

6.2.3 知识图谱构建

选取文献量、学科分类作为永定河流域研究统计分析的指标。以研究主题、研究热点、研究前沿分析为例，进行永定河流域研究知识图谱的构建研究。内容主要包括以下三个部分：研究主题、研究热点、研究前沿信息分析；基于永定河生态调度目标主题的时间序列的知识图谱；基于永定河生态调度目标主题的空间序列的知识图谱。

6.2.4 知识推理

知识推理是主要基于已有的知识推理得到新知识的过程。通过监督学习、无监督学习和强化学习等算法，将多源的水利知识进行补充，构建水利推理性知识，为即时查询、决策提供支撑。

知识推理针对永定河时间序列上知识图谱提供的不同时段的关键问题，明确不同历史进程上永定河流域开发及保护的矛盾需求；针对永定河空间序列的知识图谱信息，明确不同地理空间上，永定河不同区域面临的最具特征的热点研究问题；整合时间及空间序列知识图谱提供的关键信息，耦合已有的监测数据，构建基于极端机器学习系统下的流域智能决策系统。

6.2.5 水利知识平台

水利知识平台的主要功能包括知识可视化、知识检索、知识问答与知识推荐等(图 6-2)。实现知识图谱的可视化，基于永定河知识图谱的构建，耦合永定河流域智能决策技术，展示典型情景下的永定河生态调度可视化应用。实现知识检索并且基于知识库与推理计算能力形成自然语言表达的答案反馈用户，对水利知识库、知识引擎进行封装集成。

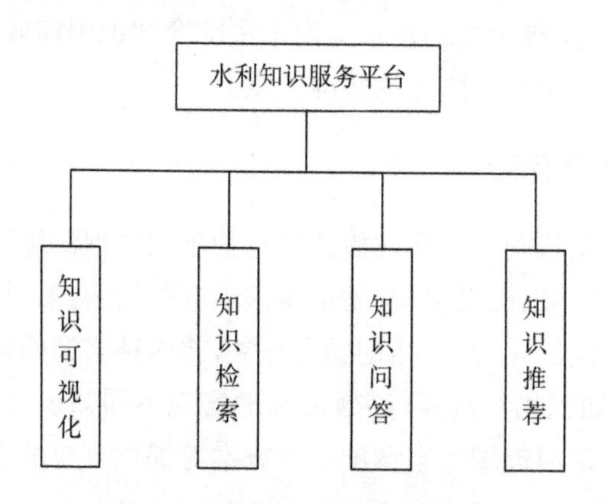

图 6-2 水利知识平台功能组成

将知识图谱特有的应用形态与水利数据和业务场景相结合，实现包括知识检索、知识问答、知识推荐及可视化决策支持等功能。

知识应用内容包括知识可视化，利用图关系模型和可视化工具对图谱进行可视化展示，实现知识图谱与知识库的各类水利对象关联关系可视化。

知识检索，基于提供的 SPARQL 查询工具、子图查询工具、关键词与社团搜

索工具等，针对用户输入的问题进行智能匹配，支撑模糊联想、多跳查询等功能。

知识问答，通过语义解析或者深度学习法构建基于知识库的问答系统，实现问题分析、词汇关联、歧义消解、查询问答等功能，通过自然语言对话的形式帮助人们从构建的知识库获取知识。

知识推荐，通过 AI 等算法，调用知识库中的业务规则、专家经验及预报调度方案等，实现大数据分析和基本认知判断，基于历史相似特征或方案语义特征进行模式匹配和智能遴选，为用户推荐出最适合当下场景的方案。

7

基于“四预”功能的永定河智能业务应用体系设计

7.1 功能概述

针对当前永定河流域生态调水管理工作中的重点工作及薄弱环节，兼顾流域、地方、部门职能，统筹考虑各业务工作与职能，构建应用系统，以数字孪生永定河平台为支撑，形成涵盖水资源管理与调配、流域防洪、屈家店综合调度运行管理、河湖管理、节水管理与服务、流域水文化、永定河“一张图”等子系统在内的智能、高效、协同的业务系统，并开发移动端应用和微信公众号。

7.2 水资源管理与调配

7.2.1 功能概述

水资源管理与调配通过融合流域的水文、水资源、水环境、水生态等的历史数据、监测数据、视频数据及本期新建测站的相关数据，形成基于数字孪生场景的水资源管理、水生态调度等综合监控预警体系；基于流域水资源管理工作的重点及需求，加强水资源监控、取用水管理、水资源监管等方面业务应用；结合永定河全线通水的业务需求，充分利用新增和完善的生态水量调度模型，优化生态水量调度功能，支撑年调度计划及春季秋季调度方案的制定；利用水动力学相关模型，实现水头演进模拟，支撑全线通水方案的辅助制定；升级调度过程管理、效果评估功能，通过仿真模拟等可视化技术，实现生态水量调度在数字化场景的真实再现；同时，强化运行指挥决策及流域供水安全保障应用。

水资源管理与调配包括取用水管理、水资源监管、生态水量调度、水资源保护、地下水管理等。

7.2.1.1 功能描述

基于数字化场景，展示取水许可限批区域、取水户、取水口等分布情况，实现二三维场景与属性信息的关联展示。展示流域内各区域取用水户、取水口的取用水信息，流域及各行政区的保有取水许可证照信息，各行政区年计划取水量、实际取水量等信息。对超许可、超计划、超管控取用水户，超计划取水的行政区等给予警告提醒。

1. 取水许可信息管理

进行流域及各行政区的保有取水许可证照数量，年许可水量及地表水、地下水许可水量等信息的汇总统计分析。

2. 取水计量监管

对海委管理取用水户建立计量设施档案库，进行计量（监控）设施监管，实现对取用水户计量实施信息的查询统计。

3. 取用水行为监管

对海委管理取用水户进行动态跟踪，掌握用水户的实时状态、取用水量、取水工程相关信息等，结合视频监控，实时分析判别数据的准确性，对超许可、超计划、无证取水，变更用途、无计量或计量不准的取用水户进行预警。

4. 流域取用水监管

进行流域内各行政区的年实际用水总量及地表水、地下水用水量统计分析。对年度取用水量即将超过用水总量控制指标或年度取用水计划的地区，及时进行提醒预警，实现对行政区域用水总量“红线预警”和管控。

7.2.1.2 输入输出

1. 取水许可信息管理

进行流域及各行政区的保有取水许可证照数量，年许可水量及地表水、地下水许可水量等信息的汇总统计分析。

输入：时间、行政区、水源类型等。

输出：以表格形式展示各行政区保有证数量、新增证数量、许可水量等，以饼状图形式展示许可证按行政区分布情况、不同水源分布情况等。

2. 取水计量监管

对海委管理取用水户建立计量设施档案库，进行计量（监控）设施监管，对取用水户计量信息的查询统计。

（1）计量设施监管

建立取水计量档案，按区域、取水规模、取水用途、监测计量方式等类别，对海委管理取用水户的计量设施信息进行统计分析，对计量设施及数据、监控设施及数据、统计数据分类管理。对变更用途、无计量或计量不准、运行异常等取水户进行及时告警。

输入：时间、取水规模、取水用途、计量方式、行政区等。

输出：以表格形式展示各区域计量设施配备状况、运行状况、计量取水口数、在线计量取水口数、计量方式、计量取水量等信息，以折线图展示其变化趋势，以饼状图展示不同取水用途计量比例等。

（2）计量水量监管

可对日、月、年在线监测及计量水量与许可水量、计划水量、统计直报水量等进行比对，对超出指标或合理阈值的监测数值及时告警。

输入：时间、行政区等。

输出：以表格形式展示各行政区计量水量、许可水量、计划水量、统计直报水量，以柱状图形式展示其比对情况。

3. 取用水行为监管

结合实时监控信息、人工核查等信息，实现对取水户实际情况、取水量情况、超许可等违法取水情况、取水许可证相关信息、取水计量情况、取用水台账情况、取水计划执行管理、节水管理、监督检查发现问题整改情况等信息的分类统计、筛选比对等，对超许可、超计划、超管控、无证取水、问题未整改、监测计量设施异常等情况进行告警提醒。

(1) 监测信息分析

对在线水量监测信息、取水口视频监控等信息进行比对，统计分析、动态评价流域、区域取用水总量，展示超许可、超计划、超管控情况。

输入：时间、行政区、水源、用途等。

输出：以图表形式分水源、分行业、分用户展示取用水量、许可水量、计划水量、是否异常等信息。

(2) 舆情举报信息分析

通过线上舆情分析、监督举报等方式，收集疑似问题线索，对异常情况进行告警提醒。

输入：时间、行政区、关键字。

输出：以图表形式展示取水户名称、异常情况等信息。

(3) 人工核查分析

对现场记录表、影音记录文件等人工核查进行填报，将填报的取用水情况与批准的取水许可规定条件进行对比，对异常取水情况进行告警提醒。

输入：时间、区域、关键字等。

输出：以图表形式展示取用水情况、许可情况、存在问题等信息。

4. 流域取用水监管

进行流域内各行政区及水资源三级区的年实际用水总量及地表水、地下水用水量的统计分析。对年度取用水量即将超过用水总量控制指标或年度取用水计划的地区，及时进行提醒预警，实现对行政区域用水总量“红线预警”和管控。

(1) 取用水总量管控指标落实情况

根据用水量统计信息、取水许可审批信息等，进行江河湖泊水量分配指标、可用水量、用水总量控制指标、地下水取水总量控制指标等落实情况分析。

输入:时间。

输出:以表格形式展示江河湖泊水量、可用水量、用水总量、地下水取水总量的实际值和控制指标的比对情况,以折线图展示其历年变化情况,以柱状图展示各指标与实际值的对比情况。

(2) 流域取用水户、取水口管理

实现海委管理和地方管理的取用水户和取水口信息的查询、统计。

①取水户及取水口汇总查询统计

输入:时间、行政区、水源、行业、规模等。

输出:以表格形式取水户统计信息,以饼状图形式展现不同行业和不同用途的取水户所占比例。

②单个取水户及取水口信息查询

输入:时间、关键字等。

输出:以表格形式展示取水户基础信息及对应取水口基础信息。

(3) 取水许可限批管理

实现各行政区上一年度用水总量、控制指标等信息以及划定的水资源超载区信息的查询,支持水资源超载地区实施取水许可限批。

输入:年份、行政区。

输出:以表格形式展示各行政区用水总量、控制指标、水资源超载区情况,以柱状图形式展示用水总量及控制指标的对比情况。

7.2.2 水资源监管

7.2.2.1 功能描述

基于数字化场景,展示各行政区的用水总量等各类考核指标的目标值、现状值,永定河干流水量分配关键断面的水量、流量信息,流域、区域分水源、用途的不同时间尺度的用水量统计数据,和超出水资源承载能力/水资源开发利用能力的区县信息。对年实际用水总量超(或接近)用水总量控制值的省(自治区、直辖市)、水资源超载区域、水量分配方案中水量不达标的断面进行预警。

1. 最严格水资源管理制度考核

将各省(自治区、直辖市)当前用水总量数据、用水效率数据与其对应的控制目标比对,计算当前用水量、用水效率,判断是否满足控制目标;通过水质监测数据和水功能区监测总数,计算得出水质达标率,与水质达标控制目标进行对比,判断是否满足控制目标。

2. 水资源刚性约束制度监管

实现对永定河流域京津冀晋4个行政区的用水总量、地下水开采量、综合承载等水资源承载状况、超载的分布查询以及各行政区超载因素分析，对超载地区及临界超载地区及时预警并采取管控措施，为流域水资源开发利用分区管理提供依据。

3. 用水总量控制及监管

通过各省（自治区、直辖市）的监测数据和该区域可用水总量的对比分析，对即将超过用水总量指标的区域发出预警信息，为用水统计、取用水监管、水资源刚性约束机制不断完善等工作提供基础数据支持。

4. 水量分配方案监管

根据永定河干流水量分配方案，基于已有水文监测体系及国家水资源管理系统，结合永定河官厅水库以上区域年度降水频率和径流频率，实现干流主要控制断面监测能力分析。根据确定的目标，分析水量分配方案年度实施效果，对水量分配方案的落实情况进行分析评价，为水量分配方案监管落实提供技术支撑。

7.2.2.2 输入输出

1. 最严格水资源管理制度考核

利用各省（自治区、直辖市）上报的年度用水总量数据、用水效率数据和水质监测数据，通过计算、比对的方式，得出指标的达标情况。

（1）用水总量达标分析

将各行政区上报的当前用水总量数据与其控制目标比对，计算当前用水量是否满足控制目标。

输入：年份、行政区。

输出：以表格形式展示各行政区的用水总量、控制目标，以柱状图形式展示用水总量与控制目标的比对。

（2）用水效率达标分析

将各行政区上报的当前用水效率数据与其控制目标比对，计算当前用水效率是否满足控制目标。

输入：年份、行政区。

输出：以表格形式展示各行政区的万元工业增加值用水量降幅、农田灌溉水有效利用系数，及对应的控制目标，以柱状图形式展示实际值与控制目标的比对。

(3) 水质监测达标分析

通过水质监测数据和水功能区监测总数，计算得出水质达标率，与水质达标控制目标进行对比，判断是否满足控制目标。

2. 水资源刚性约束制度监管

基于数字化场景，展示水资源承载状况分区和水资源开发利用分区，并实现对各行政区水资源量、用水量、地下水开采量等信息的统计分析。

(1) 数字化场景展示

基于数字化场景，展示水资源承载状况分区的空间分布，对超载地区及临界超载地区进行高亮预警。

输入：鼠标划过某一分区。

输出：以标签形式展示该分区的基本信息。

(2) 水资源量统计分析

对各行政区降水量、地表水资源量、地下水资源量、水资源总量进行多年平均情况、历年变化情况、不同频率年分析。

输入：年份、行政区。

输出：以表格形式展示各行政区多年平均及不同频率年的降水量信息、地表水资源量、地下水资源量、水资源总量。以折线图形式展示降水量、地表水资源量、地下水资源量、水资源总量的变化情况。

(3) 供用水量统计分析

分水源、分行业对各行政区的供水量、用水量进行统计分析。

输入：年份、行政区。

输出：以表格形式展示各行政区历年的供水量、用水量。以折线图形式展示供水量、用水量的变化情况，以饼状图形式统计分水源的供水量、分用途的用水量情况。

(4) 地下水开采量统计分析

对各行政区地下水开采量进行多年平均情况、历年变化情况分析。

输入：年份、行政区。

输出：以表格形式展示各行政区多年平均及历年的开采量信息。以折线图形式展示地下水开采量的变化情况。

3. 用水总量控制及监管

提供流域区域可用水总量管理、用水情况分析、对比分析等功能。

(1) 流域区域可用水总量管理

提供各个省(自治区、直辖市)和全流域的可用水总量查询、分析功能。

输入:时间、行政区等。

输出:以图表形式展示各个行政区和流域可用水量历年变化情况。

(2) 用水情况分析

提供各省(自治区、直辖市)内用水户的取用水量的统计分析。

输入:时间、行政区。

输出:以图表形式展示各个行政区和流域用水量历年变化情况。

(3) 对比分析

根据各省(自治区、直辖市)实际用水量和可用水量指标的对比分析,判断该区域是否超指标取水,对超指标取水的地区发送预警信息。

输入:时间、行政区。

输出:以柱状图形式展示各行政区实际用水量和可用水量指标的对比。

4. 水量分配方案监管

根据国务院批复的《永定河干流水量分配方案》,正常年份,山西省出境水量达到1.2亿m^3,河北省出境水量达到3.0亿m^3;一般枯水年份,山西省出境水量达到0.65亿m^3,河北省出境水量达到1.5亿m^3;特殊枯水年份,山西省出境水量达到0.3亿m^3,河北省出境水量达到0.6亿m^3;正常年份与特殊枯水年份之间,山西省、河北省的出境水量按照丰增枯减原则,采用直线内插法核定。具体核定方法:①山西省出境水量包括南洋河、桑干河和壶流河的出境水量。其中,南洋河出境水量按柴沟堡水文站实测径流量核定;桑干河出境水量按册田水库下泄水量与册田水库以下山西省区间产水量之和(扣除区间用水量)核定;壶流河出境水量按壶流河水库入库水量(依山西、河北省流域面积比例分摊)核定。②河北省出境水量按八号桥水文站实测径流量核定。

基于数字化场景,展示永定河流域跨省河流及重要控制断面的空间分布,实现对各控制断面实时监测数据的统计分析,及山西省、河北省水量分配方案完成情况分析。

(1) 数字化场景展示

基于数字化场景,展示跨省河流,以及柴沟堡、册田水库、壶流河水库、八号桥等重要控制断面的空间分布,实现二三维场景与属性信息的关联展示。对水量分配不达标省市进行高亮预警。

输入:鼠标划过某一控制断面。

输出:以标签形式展示该断面信息。

(2) 水量分配方案管理

提供水量分配方案、年度调度计划等信息查询功能。

输入：年份、关键字。

输出：以表格形式展示山西省、河北省，以及各断面出境水量目标信息，以文本形式展示相关方案。

(3) 实时信息展示

提供各控制断面实时流量、径流量、下泄量等信息的查询统计功能。

输入：时间。

输出：以表格形式展示不同时间尺度柴沟堡、册田水库、壶流河水库、八号桥等各断面实时流量、径流量、下泄量等信息，以折线图形式展示其变化情况。

(4) 水量分配方案完成情况

通过实时监测数据与分配方案水量进行比对，分析山西省、河北省年度水量分配目标完成情况。

输入：年份。

输出：以表格形式展示各行政区出境水量信息，以折线图形式展示出境水量变化情况，以柱状图形式展示实际值与目标值的比对情况。

7.2.3　生态水量调度

7.2.3.1　功能描述

基于数字化场景，展示永定河生态水量调度工程涉及的外调水工程、水库、水闸、河道、取水口、行政区等对象，综合展示调水工程实时监测信息、补水量信息、视频信息、预警信息等。

(1) 监测预警

进行各重要控制断面水量水质监测信息、调水进展、调度计划完成情况等统计分析，对调度生态流量不足、入海水量偏大、实际来水量偏少、水库蓄水量偏大等情况进行预警提醒。

(2) 实时调度

通过监测预警分析，对偏差较大的指标项进行预警。根据偏差情况，进行方案实时动态调整。

(3) 计划制定

结合永定河全线通水业务需求，考虑官厅水库以下的调度节点以及外流域水源，利用完善后的生态水量调度模型，实现年度调度计划的制定，确定重要河段生态基流、全线通水的河长、流动时间、有水时间等。根据当前补水和水头情况，通过模型实时预测水头到达下游各断面的时间、全线贯通时间和持续时间，进行工程调度、水流演进过程演示，预演优化调度方案的效果，实现调度计划与数字孪生流域的实时交互，为流域全线通水提供决策支持。

(4) 效果评估

对水量、水质、生境等生态水量调度效果进行评估，生成相关数据及图表并提供编辑、导出功能，为永定河综合治理与生态修复评估提供支撑。

7.2.3.2 输入输出

1. 监测预警

进行各重要控制断面水量水质监测信息、调度计划完成情况等统计分析，对调度期取水，水源、重要水库、主要河流断面等水质超标预警，入/出库流量突变等情况进行预警提醒。

(1) 数字化场景展示

基于数字化场景，展示永定河流域调水线路、水库、重要水利枢纽及重要控制断面的空间分布，实现二三维场景与属性信息的关联展示。对调度期取水，水源、重要水库、主要河流断面等水质超标预警，入/出库流量突变等情况进行预警提醒。

输入：鼠标划过某一控制断面。

输出：以标签形式展示该对象相关信息。

(2) 重要断面监测分析

提供重要断面的8时流量、日均流量、水量、水质等信息的查询分析。

输入：时间。

输出：以表格形式展示各断面的8时流量、日均流量、水量、水质等信息，以折线图形式展示其变化趋势。

(3) 调度计划完成情况

提供生态补水总量、官厅水库以上各水源、官厅水库及下游各水源补水完成情况的查询分析。

输入：时间。

输出：以表格形式展示各补水水源的实际补水量、计划补水量、完成率等，以折线图形式展示补水量变化趋势，以柱状图形式展示各年份补水量的比对情况。

2. 计划制定

(1) 数字化场景展示

基于数字化场景，展示永定河流域调水线路、重要水库、补水水源的空间分

布，实现二三维场景与属性信息的关联展示。

输入：无。

输出：以标签形式展示各水库的蓄水量、可利用水量，各水源可调水量等信息。

(2) 调度计划制定

结合永定河全线通水业务需求，考虑官厅水库以下的调度节点以及外流域水源，利用来水预测模型、生态水量调度模型，实现年度调度计划的制定，确定重要河段生态基流、全线通水的河长、流动时间、有水时间等，为流域全线通水提供决策支持。

①来水预测

调用来水预测模型进行对水库来水量进行预测，展示东榆林、册田、友谊、响水堡、官厅等大中型水库未来一年各时段的可供水量，实现预测结果的展示和表格导出。

输入：预报年份、方案名称、预测方法。

输出：以表格形式展示各水库 12 个月的预测来水量，以折线图形式展示各水库各月预测来水量。

②需水预测

调用需求预测模型，进行流域内河道外生态环境用水量、河道内需水预测，实现预测结果的展示和表格导出。

输入：预报年份、方案名称。

输出：以表格形式展示官厅以下生态需水量，以折线图形式展示各月需水量，以饼状图形式展示不同用途所占比例。

③调度方案制定

调用来水预测、需求预测结果，以及长期调度模型，进行调度方案制定。

输入：年度、来水预测结果、需求预测结果、补水水源供水能力等。

输出：以表格形式展示各水源补水时段、补水天数、补水流量、补水量等信息。

(3) 调度方案预演

根据当前补水和水头情况，通过模型实时预测水头到达下游各断面的时间、全线贯通时间和持续时间，进行工程调度、水流演进过程演示，预演优化调度方案的效果，实现调度计划与数字孪生流域的实时交互。

①大场景方案预演

在宏观场景下，动态展示水头行进过程及到达重要断面的时间、流量等信息。

输入:预演。

输出:动态展示水头行进过程及到达重要断面的时间、流量。

②小场景方案预演

在小场景下,动态展示水头行进过程及到达重要断面的时间、流量等信息。

输入:预演。

输出:动态展示水头行进过程及到达重要断面的时间、流量,以折线图形式展示各断面流量变化过程。

3. 效果评估

(1) 水量评估

实现对全年生态补水量、断面的生态水量、有水河长、生态水面面积、生态水量满足度、生态水面维持时间、平原段地下水水位的评估。

输入:年份。

输出:以表格形式展示全年生态补水量、断面的生态水量、有水河长、生态水面面积、生态水量满足度、出境水量生态水面维持时间、入海水量、农业节水情况、平原段地下水水位。

(2) 水质评估

根据地表水水质监测数据,实现对Ⅲ类及以上水质占比、国控断面达标率的变化分析。

输入:时间。

输出:以表格形式展示Ⅲ类及以上水质占比、国控断面达标率。

(3) 生境评估

提供河岸带植被面积及浮游植/动物、底栖动物、鱼类、岸边带植物、保护区鸟类等生物多样性的种类和数量的变化情况。

输入:时间。

输出:以表格形式展示不同年份生物种类数量等信息,以柱状图形式展示历年变化情况。

4. 实时调度

(1) 数字化场景展示

基于数字化场景,展示永定河流域调水线路、水库、重要水利枢纽及重要控制断面的空间分布及实时流量信息展示。根据设定的阈值,进行蓄水量、补水量、水头行进等偏差预警提醒。

输入:无。

输出:以标签形式展示重要断面的流量信息、水头位置及到达时间。

(2) 生态流量不足分析

提供金门闸、固安、崔指挥营、邵七堤、屈家店枢纽、卢沟桥、三家店、东榆林水库、新桥、册田水库、石匣里、八号桥、响水堡等13个断面生态流量预警及调度建议。

输入:时间、预警。

输出:调用实时调度模型,输出预警原因分析、调度安排等。

(3) 入海流量偏大分析

提供入海水量控制断面流量偏大预警及调度建议。

输入:时间、预警。

输出:调用实时调度模型,输出预警原因分析、调度安排等。

(4) 实际来水量偏少分析

提供册田水库、官厅水库、友谊水库、洋河水库等水库当年实际来水比预测来水偏少预警及调度建议。

输入:时间、预警。

输出:调用实时调度模型,输出预警原因分析、调度安排等。

(5) 水库蓄水量偏大分析

提供册田水库、官厅水库、友谊水库、洋河水库等水库当前蓄水量比预测蓄水量偏大预警及调度建议。

输入:时间、预警。

输出:调用实时调度模型,输出预警原因分析、调度安排等。

7.2.4 水资源保护

7.2.4.1 功能描述

(1) 生态流量保障

对永定河、桑干河、洋河生态流量进行监测分析,比对各河流生态流量考核目标进行超标预警。

(2) 饮用水水源地保护

建立流域重要水源地名录,实现对水源地基本信息、水质评价结果的管理,提供安全评估数据的管理、分析功能。

(3) 国控断面达标管理

提供国控断面水质达标情况统计分析,以及各个断面水质评价结果查询分析。

(4) 突发水污染事件管理

提供重要水质监测断面位置及最新的水质情况、入河排污口水质监测情况的查询分析。

7.2.4.2 输入输出

1. 生态流量保障

根据水利部印发的《永定河生态水量保障实施方案》进行永定河生态水量考核。考核断面为册田水库(入桑干河)、响水堡水库(入洋河)和三家店 3 个断面,基于数字化场景,实现各断面监测信息、评估信息的查询、统计、分析等功能,为永定河流域生态流量达标情况评估、发布预警、现场监管等提供支撑。

(1) 数字化场景展示

基于数字化场景,展示册田水库、响水堡、三家店 3 个考核断面,石匣里、八号桥、官厅水库(入永定河)、卢沟桥 4 个管理断面的位置分布,实现二三维场景与属性信息的关联展示。实现对超过预警值的考核断面的预警提醒,预警级别包括蓝色预警、橙色预警 2 个级别。

输入:鼠标划过某一断面。

输出:以标签形式展示该断面年累计水量、目标值、达标状况等信息。

(2) 考核评估

提供册田水库、响水堡水库、三家店三个考核断面径流量、下游灌区取水量、生态水量、目标水量等信息。

输入:年份。

输出:以列表形式展示各月生态水量、径流量、下游灌区取水量等信息,以折线图形式展示各水量逐月变化趋势以及与目标值的比对。

提供某个断面不同年份相同月份水量信息对比功能。

输入:年份、年份,生态水量、径流量、灌区取水量。

输出:以表格形式展示不同年份同一月份水量值,以柱状图形式对比其生态水量。

2. 饮用水水源地保护

(1) 数字化场景展示

基于数字化场景,显示重要饮用水水源地的位置分布情况,以及基本情况,包括名称、所在行政区、类型、供水城市、设计供水人口、管理单位所属行业等。

输入:行政区选择、关键字。

输出:在地图上自动定位到该水源地位置,以标签形式展示该水源地基本

信息。

(2) 监测数据统计分析

提供饮用水水源地月度(最新的，当前或上月)水质类别、超标项等数据的录入、展示、查询、编辑、删除等功能，实现年度水质类别统计分析展示、查询等。

输入:水源地名称、时间。

输出:以表格形式，逐月展示流域重要饮用水水源地水质监测信息，并对超标水源地名称标红突出展示。

(3) 安全评估

提供对年度抽查评估报告、抽查评估总体情况的查询展示，单个重要饮用水水源地安全保障达标建设评估结果的展示、查询等功能。

输入:行政区、年份、关键字。

输出:以列表形式展示抽查评估总体情况。

3. 国控断面达标管理

(1) 数字化场景展示

基于数字化场景，显示国控断面的位置分布情况，以及基本情况。

输入:行政区选择、关键字。

输出:在地图上自动定位到该断面位置，以标签形式展示该断面基本信息。

(2) 监测数据统计分析

提供断面月度(最新的，当前或上月)水质类别、超标项等数据的查询、统计分析。

输入:断面名称、时间。

输出:以表格形式，逐月展示流域重要断面水质监测信息，并对不达标断面突出展示。

4. 突发水污染应对

(1) 数字化场景展示

基于数字化场景，显示重要断面、入河排污口的位置分布情况，以及基本情况。

输入:行政区选择、关键字。

输出:在地图上自动定位到该点位，以标签形式展示该点位基本信息。

(2) 监测数据统计分析

提供断面月度(最新的，当前或上月)水质类别、超标项等数据的查询、统计分析。

输入:断面名称、时间。

输出：以表格形式，逐月展示流域重要断面水质监测、入河排污口水质信息，并对不达标断面突出展示。

7.2.5 地下水管理

7.2.5.1 功能描述

基于国家地下水监测工程等信息系统及地下水监测数据，根据地下水水位动态，结合年度降水丰枯变化、地下水取水量变化、地下水超采治理实施情况等，综合评价分析目标年地下水水量、水位控制指标达标情况。存在水量与水位控制指标达标情况不一致的异常区域，及时预警，为流域地下水水量、水位“双控”监督管理提供支撑。

1. 数字化场景展示

基于数字化场景，展示流域地下水超采区分布，地下水禁采和限采范围，地下水上升区、相对稳定区、相对下降区、严重下降区，以及地下水监测站空间分布，实现二三维场景与属性信息的关联展示。对超过或即将超过取水量、水位控制指标的区域进行预警提醒。

2. 地下水管控指标分析

提供对各行政区的地下水开采量、地下水水位、地下水取水计量率等数据进行查询分析，实现“双控”指标预警。

3. 地下水变化分析

提供地下水信息的变化分析及预警，地下水位变幅排名等功能。

7.2.5.2 输入输出

1. 数字化场景展示

基于数字化场景，展示流域地下水超采区分布，地下水禁采和限采范围，地下水上升区、相对稳定区、相对下降区、严重下降区，以及地下水监测站空间分布，实现二三维场景与属性信息的关联展示。对超过或即将超过取水量、水位控制指标的区域进行预警提醒。

输入：鼠标划过某一超采区。

输出：以标签形式展示该区域信息。

2. 地下水管控指标分析

提供对各行政区的地下水开采量、地下水水位、地下水取水计量率等数据进行查询分析，实现“双控”指标预警。

输入:时间、行政区。

输出:以表格形式展示各行政区地下水开采量、地下水水位、地下水取水计量率以及对应控制指标等信息,以柱状图形式展示实际值与目标值的比对情况,以折线图形式展示其变化情况。

3. 地下水变化分析

提供地下水信息的变化分析及预警,地下水位变幅排名等功能。

输入:时间(按季度)、范围(浅层/深层)、行政区。

输出:以列表形式展示各市(地)浅层和深层地下水超采区水位变化情况,根据水位变幅由大到小进行排序。以饼状图形式统计分析各市(地)水位变幅在上升区、相对稳定区、相对下降区、严重下降区的个数及占比情况。

7.3 流域防洪

7.3.1 功能概述

充分利用永定河水资源系统中的防洪相关功能,以数字孪生流域为底座,以模型平台与知识平台为支撑,融合多源数据信息,改进防汛调度方案模拟展示功能。通过“数字永定河”构筑的实时全面的感知能力、精准及时的预警能力、高效智能的分析调度能力,以“四预”为目标打造水灾害场景化业务链条,全面提升永定河流域水灾害防御关口前移和指挥决策能力。

流域防洪应用面向海委和永定河流域公司,根据各自业务需求进行场景定制,重点涉及“四预”应用、会商决策以及计算场景。

7.3.2 感知

7.3.2.1 功能描述

基于数字孪生场景,直观展示卫星云图、雷达、风流场、土含、雨水情、工情等实时感知数据。

1. 卫星云图

基于永定河流域数字孪生场景直观展示与流域相关的未来云图信息。卫星云图是由气象卫星自上而下观测到的地球上的云层覆盖和地表面特征的图像,通过卫星云图主要可识别不同的天气系统,确定它们的位置,估计其强度和发展趋势,为天气分析和天气预报提供依据,其可弥补气象观测站及常规探测资料的不足,对提高预报准确率有重要作用。

2. 雷达图

基于永定河流域数字孪生场景直观展示与流域相关的雷达图信息。

3. 风流场

基于永定河流域数字孪生场景直观展示与流域相关的风流场信息，为用户掌握流域气象状况提供信息。

4. 土壤含水量

基于永定河流域数字孪生场景直观展示与流域相关的土壤含水量信息，为用户展示不同土壤深度的含水量情况。

5. 雨情

对未来 24～168 h 的降雨预报图进行直观展示，提供永定河流域、册田水库区域、友谊水库区域、官厅区域、三家店区域未来面雨量信息，及各区域不同级别笼罩面积与累积降雨信息。

6. 水情

基于永定河流域数字孪生场景直观展示流域水情信息。

7. 工情

基于永定河流域数字孪生场景直观展示流域工情信息。

7.3.2.2 输入输出

1. 卫星云图

输入：选择卫星云图。

输出：最新卫星云图信息。

2. 雷达图

输入：选择雷达图。

输出：最新流域雷达图信息。

3. 土壤含水量

输入：选择土壤含水量。

输出：最新流域土含信息。

4. 风流场

输入：选择风流场。

输出：最新流域风流场信息

5. 雨情

输入：选择雨情。

输出：最新雨情信息。

6. 水情

输入:选择水情。

输出:最新水情信息。

7. 工情

输入:选择工情。

输出:最新工情信息。

7.3.3 预报

7.3.3.1 功能描述

充分利用卫星遥感、雷达、站点监测、模型预报等多源数值预报数据,实现不同时空分辨率、不同预见期的降水预报产品与洪水预报无缝衔接,提高洪水预报精度,最终为决策者实施科学调度与精细调度提供数据支撑。

1. 降雨

基于数字孪生场景展示实时降雨等值面图以及雨量监测柱状图,以及数值降雨预报信息,为用户提供及时的降雨预报数据。

2. 预报洪水

针对永定河流域内官厅水库、三峡区间及官厅上游重要的洪水控制断面(如青白口、雁翅、三家店),在不同的预报调度一体化方案中预报洪水过程信息,并进行展示。

7.3.3.2 输入输出

1. 降雨

输入:选择降雨。

输出:永定河流域、册田水库区域、友谊水库区域、官厅区域、三家店区域未来面雨量信息。

2. 预报洪水

输入:选择预报时间、预报断面等。

输出:洪水预报结果信息。

7.3.4 预警

7.3.4.1 功能描述

利用预报信息和分析研判,结合流域内主要河道、水库、水闸、险工险段等对象的预警指标、预警范围，实现超前预警、实时预警的动态预警功能，提升预警可靠性，提高预警发布时效。

1. 实时预警

依据永定河流域洪水防御预案、应急响应规程等，对三家店、雁翅、八号桥关键监测点进行洪水监视，预警等级由低至高依次分为洪水蓝色预警、洪水黄色预警、洪水橙色预警、洪水红色预警。

同时对官厅与三家店的洪峰流量进行监视，当触发编号洪水条件时，对需编号的洪水进行提醒，提供洪水编号及记录洪水过程中各气象、雨/水情、会商、调度等信息的功能。

通过汇聚永定河流域内雨量站、水库水文站、河道水文站、堰闸水文站实时监测信息以及单站降雨、区域降雨、重点断面洪水预报信息，结合不同情况下各对象的超警阈值，对永定河流域内雨量、水位、流量要素进行超警监测，全辐射监视重点站、重点河段及险工险段。在永定河数字孪生场景中以闪烁的方式提醒各超警点位置，同时可对超警信息进行查询。

2. 预报预警

依据永定河流域洪水防御预案、应急响应规程等，对三家店、雁翅、八号桥关键监测点进行洪水监视，预警等级由低至高依次分为洪水蓝色预警、洪水黄色预警、洪水橙色预警、洪水红色预警。根据洪水预报等方案结果对相关断面、站点进行预报预警提醒。

3. 预警发布

提供不同预警区域、不同超警对象、不同预警级别设置默认相关单位及人员信息，系统在触发预警或超警时，及时准确地将洪水预警信息、要素超警信息在系统中自动推送以提醒相关人员，同时提供人工发送信息入口，保证业务人员可主动灵活设置消息提醒人员，及时推送流域相关预警信息，确保消息能在快速送达工作一线。

7.3.4.2 输入输出

1. 实时预警

(1) 洪水预警

输入：实时监控。

输出：洪水蓝色预警、洪水黄色预警、洪水橙色预警、洪水红色预警。

(2) 编号洪水

输入：触发编号洪水条件。

输出:提醒需编号的洪水以及洪水编号、记录洪水过程中各气象、雨/水情、会商、调度等信息的功能。

(3) 超警监视

输入:实时监测数据及阈值。

输出:闪烁提醒各超警点位置,同时可对超警信息进行查询。

2. 预报预警

输入:选择预报预警。

输出:闪烁展示预报方案预警点位置及超警数值。

3. 预警发布

输入:系统在触发预警或超警时。

输出:人工发送信息入口。

7.3.5 预演

7.3.5.1 功能描述

针对未来可能发生的情况,按照目标调度、规则调度、超标准洪水调度,对计算场景生成的预案集,利用可视化、GIS 表达、工程 BIM 等手段实现由粗到细、由宏观到微观等多维度的还原预案集,预演预见期内洪水预报信息、洪水路径演进过程及不同方案中官厅水库以下重点水库工程运行、水闸工程运行、河段与险工险段水面线、蓄滞洪区运用、人员转移撤退、应急指挥部门、防汛物资位置及数量等情况,同时可针对多个方案的调度情况进行对比预演及分析,为业务人员进行精细化管理、精准化决策提供支撑,优选出最优执行方案。

1. 预报调度预演

(1) 洪水路径

对预报调度一体化方案整体的洪水演进过程在孪生场景中呈现,整体展示洪水历时、洪量、洪峰信息,针对官厅水库、卢沟桥枢纽、大宁水库、永定河滞洪水库、永定河泛区、屈家店枢纽闸的调度与启用信息,随时间变化展示水头位置、洪峰位置及淹没水深信息,通过对单方案、多方案预演及比选,完成最优预案的选择。

(2) 水库水闸工程

针对单个水库水闸工程的预演,主要聚焦在单个工程区域内,在孪生场景中展示不同时间内工程的特征值、水位及流量变化、工程应用情况,直观地展示工程在整个洪水过程中水情信息及发挥的作用。

(3) 蓄滞洪区

针对永定河泛区等蓄滞洪区的预演,主要聚焦在单个蓄滞洪区内,在孪生场景中展示随时间变化蓄滞洪区内口门的运用情况、淹没范围、灾情估计、撤退路线、抢险队伍及物资储备情况信息。

(4) 河道堤防

针对永定河、永定新河在调度方案中出现险情的河道堤防或险工险段的预演,主要是在孪生场景中展示随时间变化水情变化趋势,及溃口后淹没范围、灾情估计、抢险队伍及物资储备情况信息。

2. 历史洪水复盘

基于数字孪生场景、"23・7"洪水信息,将洪水的发生、发展、结束进行复盘演示。

7.3.5.2 输入输出

1. 洪水路径

输入:选择预演方案。

输出:洪水演进过程在孪生场景中呈现。

2. 水库水闸工程

输入:选择预演的工程。

输出:展示工程在整个洪水过程中水情信息及发挥的作用。

3. 蓄滞洪区

输入:选择蓄滞洪区。

输出:展示随时间变化蓄滞洪区内口门的运用情况、淹没范围、灾情估计、撤退路线、抢险队伍及物资储备情况信息。

4. 河道堤防

输入:选择河道堤防。

输出:展示随时间变化水情变化趋势,及溃口后淹没范围、灾情估计、抢险队伍及物资储备情况信息。

5. 历史洪水复盘

输入:选择历史洪水复盘。

输出:展示洪水发展过程。

7.3.6 预案

7.3.6.1 功能描述

依据预演确定的方案，考虑流域水利工程最新工况与经济社会情况，滚动制定工程调度运用措施、非工程措施，明确措施的执行机构、权限、职责与信息报送方式并组织实施，确保预案的现实性及可操作性。

1. 预演方案

提供已计算生成的预演方案的管理功能，如查询、对比等。

2. 文档资料

提供文档资料的自动分词、预览、打印等功能。

3. 应急响应

提供应急响应启动、取消、升级以及降级的管理功能。

4. 明传电报

提供明传电报的接收与下达功能，同时提供基础运维功能。

5. 防汛组织

提供与防汛组织相关的管理和运维功能。

7.3.6.2 输入输出

1. 预演方案

输入：预案名称。

输出：查询、对比。

2. 文档资料

输入：文档名称等。

输出：文档资料预览、打印等。

3. 应急响应

输入：选择应急响应触发点。

输出：启动、取消、升级、降级。

4. 明传电报

输入：明传电报。

输出：明传电报的接收/发布。

5. 防汛组织

输入：组织人员、名称等。

输出:查询管理。

7.3.7 会商

7.3.7.1 功能描述

会商功能针对流域面从实时雨/水情情况、未来天气及降雨情况、未来水情演变趋势等进行直观可视表达,涵盖雨情监视、水情监视、工程情况、工程预演功能,包括会商辅助、会商管理。

1. 会商辅助

(1) 雨情监视

利用接入的多源气象信息源,及时掌握流域未来天气形势、数值降雨预报以及实时降雨情况。

(2) 水情监视

实时监视流域超汛超警超保、洪水预警等信息,重点监视八号桥、官厅水库、雁翅、山峡区间等预报洪水以及实时水情情况。

(3) 工程情况

实时监视流域内大型水库、主要水闸枢纽、主要河道行洪能力、蓄滞洪区等情况。

(4) 调度预演

基于孪生场景实现选定预案的预演功能,可根据综述型、摘要型、详细型方式进行水工程运行风险形势和影响预演。

2. 会商管理

提供会商相关的文档管理,包括会商纪要、调度意见、应急响应等,以及新建会商,可以提供会商过程文档记录管理,同事提供查询历史会商资料等功能。

7.3.7.2 输入输出

1. 会商辅助

(1) 雨情监视

输入:选择监视时间。

输出:昨日降雨、今日降雨、今日土壤含水量、未来短时降雨、未来七日降雨。

(2) 水情监视

输入:选择监视时间。

输出:超汛超警超保站点、八号桥、官厅水库、雁翅、山峡区间预报与实时水情。

(3) 工程情况

输入:选择监视时间。

输出:三座大型水库、卢沟桥枢纽、屈家店枢纽、永定河重点河段、永定新河重点河段、五处蓄滞洪区情况。

(4) 调度预演

输入:选择详细型、摘要型、综述型预演。

输出:洪水路径、官厅水库、永定河卢梁段、卢沟桥枢纽、屈家店枢纽、永定河泛区预演情况。

2. 会商管理

(1) 新建会商

输入:选择新建会商。

输出:提供会商文档记录。

(2) 资料查询

输入:选择历史时间。

输出:相关会商文档。

7.3.8 预报调度计算

7.3.8.1 功能描述

利用相关模型计算功能,基于数字孪生场景,结合预报、预演业务需求,提供洪水预报、洪水调度计算功能。通过计算场景制定洪水预报方案、洪水调度方案,在预报、预警、预演、预案等功能中直接调用在计算场景中制定的洪水预报方案、洪水调度方案,为用户提供迅速、便捷的方案对比、分析与数字化场景展示等功能,同时可以将方案的制定与方案会商决策等实际业务操作进行区分,为辅助用户会商决策提供独立的计算场景支撑。

1. 计算设置

提供洪水预报调度计算功能,通过对预报调度参数的设置与选择,在计算设置中根据主要侧重点进行模拟计算调用相关模型,为用户提供迅速、便捷、有针对性、科学的、可操作的预案集。

2. 计算结果

提供计算结果管理功能,可掌握每个计算结果的初始计算情况、特征值情况，同时具备配置为预案和预演选定等功能，为防洪“四预”应用提供预案集以及预演数据依据。

7.3.8.2 输入输出

1. 计算设置

输入：选择计算方式、预报设置、调度设置等。

输出：洪水预报模型与洪水调度模型计算结果。

2. 计算结果

输入：选择强降雨分类、计算时间等。

输出：计算结果预案集方案管理。

7.4 屈家店综合调度运行管理

7.4.1 功能概述

屈家店枢纽位于中国天津市北辰区屈家店村东北，由北运河节制闸、新引河进洪闸和永定新河进洪闸组成，是控制泄入海河流量、确保天津市防洪安全的国家一级工程，也是流域洪水防御、实施调水补水、推动河湖生态复苏中的重要节点工程。搭建屈家店枢纽综合调度运行管理系统，加强永定河流域水资源管理调配、洪水防御、生态补水中“关键一环”的信息化水平，为枢纽运行管理、综合调度提供智能化、可视化决策支撑。

通过集成永定河水资源实时监控与调度系统已建的屈家店实景模型，本项目新建的 LOD3.0 等级 BIM 模型、水位站、水质站、视频站及安全监测信息，构建屈家店枢纽数据底板，依托数字化场景展示屈家店枢纽水流动态、闸门动态、监测动态。在此基础上充分共享流域模型库、知识库成果，以工程安全为核心目标，构建集综合决策、安全监测、工程调度、巡查管护等功能于一体的综合运行管理系统，初步实现屈家店枢纽数字孪生建设。

7.4.2 综合信息

7.4.2.1 功能描述

搭建屈家店综合决策支持业务应用，基于工程管理全区域、全要素的三维数字化场景，调用安全监测、工程调度、巡查管护等专题数据，集成展示工程调度、应急响应、工程安全运行监控预警、突发水污染事件、巡查管护、水文监测、视频

监控等全要素的监控信息与预警信息等。通过各种类型的数据可视化技术，可以方便管理处用户迅速掌握目前的枢纽运行实况和走势，为屈家店管理处业务会商、应急指挥等工作提供有效支撑。

1. 闸门监测

展示累计泄水量、泄水时长、闸门开度、上下游水位、控制原则等数据。

2. 应急响应

提供应急响应等级提醒功能，以及应急预案的管理功能。

3. 气象信息

提供雷达图、气象云图、降雨图，方便用户把握流域气象信息。

4. 告警管理

提供水情、安全、闸控三类告警统计及提醒功能。

5. 业务协同

提供重要业务流程待办提醒及记录查看功能。

6. 值班值守

提供值班排班等信息展示功能。

7. 数字化场景展示

基于数字化场景，展示工程建构筑物、金属结构、机电设备及监测设施的三维信息及空间位置，实现二三维场景与属性信息的关联展示。对水位、流量、工程安全、设备安全等监测信息的异常情况进行高亮预警。

7.4.2.2　输入输出

1. 闸门监测

输入：闸门监测器传入数据。

输出：累计泄水量、泄水时长、闸门开度、上下游水位、控制原则。

2. 应急响应

输入：应急响应级别。

输出：提供应急响应状态。

3. 气象信息

输入：共享气象信息。

输出：邻近区域雷达云图、气象图、降雨图。

4. 告警信息

输入：水情、安全、闸控数据。

输出：水情、安全、闸控数据告警状态及统计情况。

5．业务协同

输入：流转表单。

输出：表单记录及流转情况。

6．值班值守

输入：选择排班计划或值班日志。

输出：值班表及值班日志。

7．数字化场景展示

（1）工程建构筑物、金属结构、机电设备

输入：选择对应的BIM构件。

输出：以标签形式展示该构件的属性信息。

（2）水质站、水文站、视频站

输入：选择测站。

输出：以标签形式展示该测站监测信息，提供不同时间尺度下各测站信息查询功能。

7.4.3 安全监测

7.4.3.1 功能描述

本模块开发的目的是为了实现水闸运行期监测数据的收集与分析，并对分析结果进行及时反馈，提高水闸运行安全管理效率。利用BIM技术的优势构建水闸三维BIM模型，并将监测仪器、工情信息以及预警信息与BIM模型进行关联与绑定，实现闸体模型及各类信息的三维可视化展示，再将构建的BIM模型集成至GIS三维地理空间场景中，利用GIS在地形地貌、水闸工程空间位置的描述以及地理空间的数据分析和处理方面的优势，实现地理信息以及预警处置信息的可视化展示。

1．设施及告警统计

提供设备及告警情况统计数据，包括变形监测、渗流监测和专项监测三类。

2．重点监测

提供各类安全监测项目特征值统计及空间分布情况。

3．安全鉴定

展示三个水闸安全鉴定类别。

4．告警管理

以表格形式记录不同对象告警情况，告警对象主要包括水位、闸控、安全等

监测信息。提供告警规则维护功能,支持告警阈值设定功能。

7.4.3.2 输入输出

1. 设施及告警统计

输入:监测设施基础信息及监测数据。

输出:显示安全监测设备分类统计情况和监测数据告警情况。

2. 重点监测

输入:安全监测数据。

输出:显示水平位移、垂直位移、裂缝监测、渗流及振动的特征值、对应点位分布及告警情况。

3. 告警管理

(1) 告警记录

输入:告警规则、设备采集数据信息、设备状态信息、值班信息。

输出:告警记录列表。

(2) 告警规则配置

输入:告警类型、告警级别、告警规则、告警方式、开启状态、数据采集频率、联系人、告警铃声等。

输出:告警规则配置列表。

(4) 安全鉴定

输入:安全鉴定资料。

输出:三座水闸安全鉴定类别。

7.4.4 调度管理

7.4.4.1 功能描述

1. 控制运用

默认展示最新调度单详情及执行情况。调度单详情主要包括调度时间、调度对象及调度原则;执行情况切换展示三座水闸的闸门启闭情况、实际流量、日均流量、累计泄量、最大泄洪量等信息。

2. 闸门监测

展示闸门开度、荷重、启闭机电流、电压等重要信息。结合水闸 BIM 模型实现闸门启闭状态的三维动态模拟及信息展示。

3. 雨情信息

展示流域面降雨量，统计汛期累计降雨信息，提供未来 7 天降雨预报信息。

4. 水情信息

提供关键断面洪水监视信息，提供上游关键测站的水位、流量超警信息。

5. 调度方案

共享流域水利专业模型及调度方案成果，实现流域防洪调度方案和生态水量调度方案中屈家店枢纽工程的调度预演，对预演结果进行数据处理及分析，供决策参考。

6. 工单管理

针对屈家店枢纽管理单位内部流程工单（包括工程调度运行申请单、水闸运行记录、闸门运行反馈单、提/闭闸操作票、柴油发电机运行记录单等）、报送下游局工单（包括闸门运行申请单、闸门运用情况报告单等），重点实现对调令和工单数字化生成、调度流程的信息化流转。

7.4.4.2 输入输出

1. 控制运用

(1) 调度实况

输入：选择时间。

输出：默认展示水位信息、流量、泄量信息。

(2) 闸门监测

输入：选择日期及闸门。

输出：闸门荷重、开度、电压、电流等监测数据。

2. 雨情信息

输入：选择时间。

输出：统计流域面降雨量、汛期累计降雨量、未来 7 日降雨预报。

3. 水情信息

(1) 洪水预警

输入：实时监控。

输出：八号桥、雁翅、三家店洪水蓝色预警、洪水黄色预警、洪水橙色预警、洪水红色预警。

(2) 超警监视

输入：实时监测数据及阈值。

输出：本次新建 5 处水位站、上游重点测点水位、流量及超警情况。

4. 调度方案

(1) 方案生成

输入:监测数据。

输出:最优的调度预案。

(2) 方案记录

输入:历年闸门调度相关调度方案文档。

输出:调度方案管理记录表。

5. 调令管理

(1) 工单记录

输入:各工单名称、类型、日期、起草人、状态信息。

输出:工单记录列表。

(2) 工单起草

输入:各工单名称。

输出:工单名称标签、工单起草入口。

7.4.5 巡查管护

7.4.5.1 功能描述

1. 维修养护管理

屈家店枢纽实际的调度运行管理过程,主要包括水闸运行时的闸门开启、机电操作、操作间管理的一系列操作规程与流程,水闸检修时的操作规程与流程,工作人员值班制度等进行配置与管理,提供基础信息维护功能。具体表现为对《工程或设备维修养护记录》表单的电子化管理和数字化分析,具体包括查询列表、新建记录、编辑表单、部门内审批和统计分析等功能。

(1) 查询列表

默认展示截至目前所有上传的维修养护记录。提供任意时段和固定时间点(本年、本月、本周)的时间查询,支持人名拼音、首字母缩写和汉字的模糊查询。

(2) 新建记录

提供维修养护记录单的新增操作,实现维修养护记录表单在电脑端的在线填写,填写内容包括“工程或设备名称”“维修养护日期”“维修养护性质”“维修养护部位”“维修养护情况”等信息。支持文字输入上传。

(3) 编辑表单

提供已上传表单的在线预览、删除、下载和打印操作。

(4) 部门内审批

填写表单的人员就是维修养护人员，校核人一般为同部门的科长。因此本表单只涉及部门内的两级审批归档。即填表人完成维修养护记录后，提交给同部门科长，科长审核后自动归档。

(5) 统计分析

提供本年内、本季度或任意时段内已完成的维修养护次数。

2. 工程设备管理

(1) 设备资产模型

采用BIM技术，设计开发屈家店枢纽建设模型，包括土建结构、金结设备、电气设备等构件。展示构筑物、设施设备的相对位置关系及属性信息，满足工程维护信息管理需求。

(2) 设备台账管理

开发建设与BIM模型绑定的设备台账及资产数据库，并结合BIM模型目录树实现BIM模型和属性信息的双向检索定位功能，实现设施设备的三维可视化管理。对工区内的所有设备进行分类、统计，方便用户快速定位设备，查看设备相对构筑物的现场位置、所处环境、关联文档、设备参数等真实情况。

3. 工程检查管理

根据水闸工程检查过程中"发现问题、处理问题、记录问题、查询分析"的闭环处理流程，实现对《水闸工程日常检查记录》《水闸工程定期检查记录》10类共10张表单的电子化管理和数字化分析，具体包括新建检查记录、查询检查记录、编辑检查记录、单位内流转、检查提醒和统计分析等功能。

(1) 新建检查记录

水闸工程日常检查记录包括水工建筑物(有水情况)、水工建筑(无情况水)金属结构、启闭设备(固定卷扬式启闭机)、机电设备、观测设施、附属设施7种情况9张表单。水闸工程定期检查记录包含同样的类型的9张表单。本系统提供日常检查和定期检查两类选项，用户根据要求新建一整套电子表单，按照表单序号顺序依次完成，由系统自动录入整套表单检查时段，单项事项的具体时间。人工只需在系统上点选相关内容，以及记录出现的问题。支持文字输信息上传。

(2) 查询检查记录

默认展示截至目前所有上传的水闸工程日常检查记录。在时间维度上，通过切换"日常检查"和"定期检查"查询所属分类检查记录。本系统还按照水闸工程检查内容分类上，分类统计水工建筑物(有水情况)、水工建筑(无水情况)、金属结构、启闭设备(液压启闭机)、启闭设备(螺杆启闭机)、启闭设备(电动葫芦)、

机电设备、观测设施、附属设施 10 种情况，通过选择对应选项，查询该类检查内容记录列表。

提供任意时段和固定时间点（本年）的时间查询，支持人名拼音、首字母缩写和汉字的模糊查询。

（3）编辑检查记录

提供已上传表单的在线预览、删除、下载和打印操作。

（4）单位内流转

当前，检查记录表内的“检查人”是填表人，属于执行检查的工作人员。一般情况“检查人”是一个小组，三四个人参与。“处理人”也是执行检查的工作人员，存在检查人和处理人是同一人的情况。“技术总负责”是分管领导，审批流程是先检查后处理，最后是技术负责人签字确认。

本系统后表单流转依然遵循上述流程，检查人执行水闸工程检查任务，填写检查过程中发现的问题，处理人填写处理结果，技术总负责确认签字。

（5）检查提醒

水闸工程日常检查记录遵循每月 1 次、每年 12 次的检查原则，水闸工程定期检查记录遵循汛前汛后各 1 次，每年 2 次的查询原则。采用页面顶端浮动窗口形式，为用户提供目前检查任务提醒。

（6）统计分析

日常检查任务是每月完成 1 次，全年共计 12 次；定期检查任务时汛前检查 1 次、汛后检查 1 次，全年共计 2 次。因此本功能按时间纬度，对当前水闸工程检查次进行统计分析；按照分类角度，对水工建筑物（有水情况）、水工建筑（无情况水）金属结构、启闭设备（固定卷扬式启闭机）、启闭设备（液压启闭机）、启闭设备（螺杆启闭机）、启闭设备（电动葫芦）、机电设备、观测设施、附属设施 10 种情况进行分类统计。

7.4.5.2 输入输出

1. 维修养护管理

（1）查询

输入：选择时间（本周、本月、本年）。

输出：本时段的维修养护查询列表。

（2）新建

输入：选择新建选项。

输出：显示空白可编辑维修养护记录表单。

(3) 编辑

①在线预览

输入:选择在线预览、下载、打印和删除选项。

输出:电脑展示已完成的表单内容。

②下载打印

输入:选择下载打印选项。

输出:下载打印本张表单。

③删除

输入:选择删除选项。

输出:删除本条维修养护记录。

(4) 审批校核

输入:选择保存提交。

输出:下一级审批校核流程。

(5) 归档

输入:选择保存提交选项。

输出:保存至本系统数据库。

(6) 统计分析

输入:时间(任意时间、本季度、本月、本年)。

输出:已完成的维修养护次数。

2. 工程设备管理

(1) 设备资产模型

①默认显示

输入:无。

输出:显示屈家店枢纽工程三维模型。

②设备查询

输入:选择设备设施三维单体。

输出:显示设备设施的相对位置关系及属性信息简况。

(2) 设备台账管理

①详细信息

输入:选择设备设施类型(土建结构、金结设备或电气设备)。

输出:显示设备设施的详细信息列表。

②统计信息

输入:选择设备设施类型(土建结构、金结设备或电气设备)。

输出：显示当前设备设施统计情况。

3. 工程检查管理

(1) 新建记录

输入：选择新建(日常检查/定期检查)选项。

输出：显示空白可编辑的水闸工程(日常/定期)检查记录表单。

(2) 查询记录

①按时间段查询

输入：时间(任意时间、本年)。

输出：本时段水闸工程检查记录信息列表。

②按对象属性查询

输入：选择水工建筑物(有水情况)、水工建筑(无情况水)、金属结构、启闭设备(固定卷扬式启闭机)、启闭设备(液压启闭机)、启闭设备(螺杆启闭机)、启闭设备(电动葫芦)、机电设备、观测设施、附属设施。

输出：显示对应类型水闸工程检查记录信息列表。

(3) 编辑记录

①在线预览

输入：选择在线预览、下载、打印和删除选项。

输出：电脑展示已完成的表单内容。

②下载打印

输入：选择下载打印选项。

输出：下载打印本张表单。

③删除

输入：选择删除选项。

输出：删除本条水闸工程检查记录信息列表。

(4) 审批归档

①审批校核

输入：选择保存提交。

输出：下一级审批校核流程。

②归档

输入：选择保存提交选项。

输出：保存至本系统数据库。

(5) 统计分析

输入：时间(本年、本月、本周)。

输出:本时段内水政执法巡查统计次数。

(6) 巡检提醒

输入:无。

输出:显示当日待巡查表单数量。

7.5 河湖管理

7.5.1 功能概述

基于永定河“一张图”数据底板,整合卫星遥感、视频监控、传感监测信息、河湖巡查信息及河湖管理业务相关信息,结合各类河湖管理范围,以河长制行政区划分段,利用 GIS 技术将管辖河段对象进行空间网格化,推进流域河湖划界成果、河湖岸线规划功能分区和采砂规划成果、涉河建设项目审批成果等河湖管理业务信息上图,实现从自然河湖到数字河湖的数字映射,全面构建河湖管理的数字化场景,实现对河湖的智慧化管理。

7.5.2 水域岸线

7.5.2.1 功能描述

依托数字孪生平台,提供基于数字化场景的河湖信息综合展示、查询和统计等功能,内容包括流域内河湖基础数据、河湖划界成果数据、河湖岸线功能分区数据、各类涉河工程数据。

1. 河湖管理范围

默认显示全流域全部河流划界长度数据和各省合计数据;在搜索框中输入任意河湖名称(如“永定河”),地图定位到该河流/湖库并显示其管理范围划界成果;点击“河湖管理范围”弹出详情列表,可查看河湖代码、河湖名称、行政区划、流经区县、流域面积、应划界长度、报送划界长度、提交日期,并可在详情页按照行政区划(省级)进行分类查询。

2. 岸线功能分区

默认显示全流域岸线保护区、岸线保留区、岸线开发利用区、岸线控制利用区合计数量,选中一类数据,地图显示该类分区定位、分布和名称;点击“岸线功能分区”弹出详情列表,可查看功能区编码、类型、名称、行政区、岸别、起始位置、长度等信息,并可在详情页按照功能区类型、岸别、行政区进行分类查询。

3. 涉河建设项目

(1) 海委审批涉河建设项目

以柱状图形式展示自2003年以来海委审批的流域内涉河建设项目数量，点击单个柱状图显示分年份项目详情页，可查看项目名称、批复时间、批准文号、所在位置、省份。

(2) 已建涉河工程

以饼状图形式展示已建涉河工程总数量，以及拦河坝、过河管线、桥梁、取(排)水口、码头、闸门、泵站各类数量和占比情况。点击每类工程，地图显示该类工程的定位、分布和名称。

7.5.2.2 输入输出

1. 河湖管理范围

输入：河流(湖库)名称。

输出：河湖管理范围线图层、河湖代码、河湖名称、行政区划、流经区县、流域面积、应划界长度、报送划界长度、提交日期。

2. 岸线功能分区

输入：岸线功能分区类型。

输出：岸线保护区、岸线保留区、岸线开发利用区、岸线控制利用区图层，功能区编码、类型、名称、行政区、岸别、起始位置、长度、河势稳定性分析、敏感因素、水功能区划。

3. 涉河建设项目

输入：年份、省级行政区、涉河工程类型。

输出：每年海委审批涉河建设项目数量、项目名称、批复时间、批准文号、所在位置、省份，每类已建涉河工程数量、定位、分布和名称。

7.5.3 河湖长制

7.5.3.1 功能描述

依托数字孪生平台，提供基于数字化场景的河湖长信息、河湖健康评价信息、一河(湖)一策信息的查询和展示。

1. 河长信息

基于数字孪生平台，以河流、湖泊、水库为对象，按照“省(直辖市)—地市—区(县)—乡(镇、街道)”四级行政区划，建立河流/湖泊/水库与各级河湖库长的对应关系，形成知识图谱，为明确各层级管理责任和上下游管理关系提供基础数据支撑。

选择河流(湖泊、水库)名称，显示其所在/流经“省(直辖市)—地市—区(县)—乡(镇、街道)”四级行政区划名称列表，点击进行地图定位，并显示河(湖)长姓名、职务信息。

2. 河湖健康

按照年份、行政区划、评价对象类型，以饼状图、柱状图形式显示河流、湖库健康评价结果。

3. 一河(湖)一策

按照河湖名称、行政区划，对“一河(湖)一策”方案中关于“水灾害防御、水资源管理、水空间管控、水污染防治、水环境治理、水生态修复”等方面的主要指标任务进行查询、展示。

7.5.3.2 输入输出

1. 河长信息

输入：河湖名称。

输出：所在/流经“省(直辖市)—地市—区(县)—乡(镇、街道)”四级行政区划名称、面图层，河湖长姓名、职务。

2. 河湖健康

输入：时间、河流/湖库类型、河流(段)/湖库名称。

输出：河流、湖库健康评价得分、等级结果。

3. 一河(湖)一策

输入：河湖名称、行政区划。

输出：“一河(湖)一策”方案中主要指标信息。

7.5.4 采砂监管

7.5.4.1 功能描述

依托数字孪生平台，提供基于数字化场景的采砂规划分区、采砂监管重点河段信息的查询和展示。

1. 重点河段、敏感水域

以饼状图形式显示采砂监管重点河段、敏感水域按照省级行政区数量分布统计，以柱状图形式显示采砂监管重点河段、敏感水域所在河流数量分布统计。

点击河流分布数据，地图定位重点河段及分布，并显示该河段河长责任人、行政主管部门责任人、现场监管责任人、行政执法责任人的姓名、单位职务。点击“重点河段”“敏感水域”弹出详情页，显示所处河湖、行政区、具体位置、河长责任人（姓名、单位、职务）、行政主管部门责任人（姓名、单位、职务）、现场监管责任人（姓名、单位、职务）、行政执法责任人（姓名、单位、职务）信息。

2. 采砂分区

以柱状图形式显示禁采区、可采区、保留区按照省级行政分区统计的数量、长度、面积信息。点击各省每类分区数据，地图定位。点击“采砂分区”显示河流名称、行政区、规划期、规划长度、禁采区（数量、长度、面积）、可采区（数量、长度、面积）、保留区（数量、长度、面积）信息。

7.5.4.2 输入输出

1. 重点河段、敏感水域

输入：河流（段）/湖库名称。

输出：重点河段、敏感水域地图点位、所处河湖、行政区、具体位置、河长责任人、行政主管部门责任人、现场监管责任人、行政执法责任人的姓名、单位、职务。

2. 采砂分区

输入：河流（段）/湖库名称。

输出：禁采区、可采区、保留区的数量、长度、面积、位置信息。

7.5.5 河湖遥感

7.5.5.1 功能描述

基于卫星遥感数据，实现对河湖“四乱”（乱占、乱采、乱堆、乱建）问题的识别和整改情况监管。

选择某一月度的遥感底图，结合河湖管理范围图层、涉河建设工程图层等信息，按照河湖“四乱”（乱占、乱采、乱堆、乱建）判定规则，自定义划定疑似问题图斑，系统可自动生成图斑编号，并根据图斑点位自动录入行政区名称、河湖编码、河湖名称信息，选择解译地物对象类型和问题等级后生成一条河湖遥感疑似图斑信息。

按照行政区、河湖名称、地物对象类型、审核状态、问题等级进行分类查询，点击每条问题信息，进行地图定位，并可将任意两期不同底图数据进行对比分析，查看图斑变化情况。

7.5.5.2 输入输出

输入:时间、行政区、河湖名称、河湖编码、地物对象类型。

输出:图斑编号、行政区名称、河湖编码、河湖名称、地物对象类型、审核状态、问题等级、图斑变化信息。

7.6 节水管理与服务

7.6.1 功能概述

上游农业灌溉用水情况、节水情况直接影响永定河流域上游河道的水量。围绕《总体方案(修编)》提出灌区节水综合改造、高效节水灌溉等项目,整合永定河工程管理信息系统和永定河流域公司直管灌区的灌区管理信息系统,完善灌区节水管理功能。同时,整合节水相关信息资源,实现节水项目管理,掌握流域实际用水情况、用水效率和节水水平等信息,跟踪全国及流域节水进展,推动节水管理与服务智慧化。

节水管理与服务模块面向海委和永定河流域公司,根据各自业务需求,进行功能模块定制。为永定河流域公司打造永定河流域节水管理平台,涵盖灌区管理、灌区取用水分析、灌区用水计划分析、节水进展、节水项目管理、节水信息管理等功能。本方案涉及的模块包括重点监控单位、用水定额、县域达标等。

7.6.2 重点监控单位

7.6.2.1 功能描述

对接全国取用水平台数据,展示流域内大中型灌区和重点工业企业、服务业单位数量、年度/季度取水情况、水源构成和用水情况。

1. 大中型灌区

按年度/季度对灌区数量、行政分区、类型进行统计,对取水总量、较上年同期变化情况进行分析,对农业灌溉用水量和非农业灌溉用水量进行对比分析,对设计灌溉面积、有效灌溉面积、实际灌溉面积进行对比分析,对灌溉亩均用水量指标进行分析。

点击显示详情页,可分类查看每个灌区详细信息。

2. 重点工业企业、服务业单位

按年度/季度对工业企业、服务业单位数量、行业类别、行政分区、类型进行统计，对取水总量、较上年同期变化情况进行分析，对地表水源、地下水源、其他水源、供水管网取水量及占比进行分析。

点击显示详情页，可分类查看每个企业详细信息。

7.6.2.2 输入输出

1. 大中型灌区

输入：年份、季度、类型、直管类型、行政区划（省）、水资源分区、农业灌溉分区、水源类型、取水方式。

输出：灌区数量、取水量、较上年同期变化百分数、农业灌溉用水量、非农业灌溉用水量、灌溉亩均用水量、设计灌溉面积、有效灌溉面积、实际灌溉面积。

2. 重点工业企业、服务业单位

输入：工业企业/服务业单位、年份、季度、直管类型、行政区划（省）、水资源分区。

输出：工业企业、服务业单位数量、取水量、较上年同期变化百分数、地表水源、地下水源、其他水源、供水管网取水量及占比。

7.6.3 用水定额

7.6.3.1 功能描述

实现对流域内京津冀晋四省市现行用水定额指标的管理功能，以可视化图表形式进行展示，提供按发布时间、单位等条件的查询功能。

1. 定额标准管理

管理国家、水利部、流域内各省（直辖市、自治区）制定的定额标准名录。支持名称关键词的模糊查询，点击标准名称，可以在线浏览内容，提供 PDF 文件下载功能。

提供定额标准的添加功能，信息包括定额标准名称、标准号、颁布单位、颁布时间、执行时间、是否废止，提供定额标准信息的修改、删除和附件上传功能。提供定额值添加功能，添加时可以根据需要定义细类，并支持根据细类进行查询。

2. 定额值查询

提供以省、行业等类别（类别可定制）为条件的定额值查询功能，筛选出符合条件的定额值。

基于孪生平台，提供农业用水定额分区展示功能。

7.6.3.2 输入输出

1. 定额标准查询

输入：行政区划（省）、颁布时间、颁布单位、是否废止等条件。

输出：国家、水利部、流域内各省（直辖市、自治区）制定的定额标准名录。

2. 定额值查询

输入：行政区划（省）、行业类别、用水类型等条件。

输出：符合筛选条件的定额值。

7.6.4 县域达标

7.6.4.1 功能描述

根据水利部公布的各批次县域节水型社会达标建设名录，基于数字孪生平台，展示流域内各省（自治区、直辖市）的县域达标建设情况，按批次、时间提供名录的相关信息，以可视化图表形式展示计划和实际完成情况。

1. 达标名录

基于数字孪生平台，展示流域内北京市、天津市、河北省、山西省四省（直辖市）县域节水型社会达标建设的现状、各批次名录和统计分布情况。

2. 年度计划与复核统计

展示流域内各省（直辖市、自治区）最近一年县域达标建设的计划和实际完成情况。提供各省（自治区、直辖市）年度计划完成数、实际完成数、计划总数、累计完成数的对比图。汇总统计展示流域内各省（自治区、直辖市）的县域达标建设复验情况，包括复验县（区）数量和名称。

7.6.4.2 输入输出

1. 达标名录

输入：年份、行政区（省）等条件。

输出：展示北京市、天津市、河北省、山西省各批次县域节水型社会达标建设名录。

2. 年度计划与复核统计

输入：年份、行政区（省）等条件。

输出：流域内各省（直辖市）最近一年县域达标建设的计划和实际完成情况，流域内各省（直辖市）当年县域达标建设复验情况，包括年份、省（直辖市）、复验县（区）数量和复验县（区）名称。

参考文献

[1] 李国英. 建设数字孪生流域,推动新阶段水利高质量发展[J]. 水资源开发与管理,2022,8(8):3-5.

[2] 蔡阳,成建国,曾焱,等. 大力推进智慧水利建设[J]. 水利发展研究,2021,21(9):32-36.

[3] 曾焱,程益联,江志琴,等."十四五"智慧水利建设规划关键问题思考[J]. 水利信息化,2022(1):1-5.

[4] 钱峰,周逸琛. 数字孪生流域共建共享相关政策解读[J]. 中国水利,2022(20):14-17+13.

[5] 刘家宏,蒋云钟,梅超,等. 数字孪生流域研究及建设进展[J]. 中国水利,2022(20):23-24+44.

[6] 汤颖颖,盛阳,施雯. 数字孪生技术在欧洲城市的应用[J]. 全球城市研究(中英文),2022,3(2):181-183.

[7] 冶运涛,蒋云钟,梁犁丽,等. 数字孪生流域:未来流域治理管理的新基建新范式[J]. 水科学进展,2022,33(5):683-704.

[8] 刘业森,刘昌军,郝苗,等. 面向防洪"四预"的数字孪生流域数据底板建设[J]. 中国防汛抗旱,2022,32(6):6-14.

[9] 胡春宏,郭庆超,张磊,等. 数字孪生流域模型研发若干问题思考[J]. 中国水利,2020(20):7-10.

[10] 刘昌军,吕娟,任明磊,等. 数字孪生淮河流域智慧防洪体系研究与实践[J]. 中国防汛抗旱,2022,32(1):47-53.

[11] 饶小康,马瑞,张力,等. 数字孪生驱动的智慧流域平台研究与设计[J]. 水利水电快报,2022,43(2):117-123.

[12] 陆文. 永定河上游张家口地区地表水资源时空分布模拟研究[D]. 中国科

学院大学,2020.

[13] 曹倍. 蓄满超渗兼容模型的参数区域化研究[D]. 郑州大学,2015.

[14] 焦伟杰,龙海峰. 基于自回归模型的分布式水文模型预报校正[J]. 水资源与水工程学报,2015,26(2):103-108.

[15] 高瑞,穆振侠. 天山西部山区 VIC 模型的应用[J]. 南水北调与水利科技,2017,15(4):44-48+58.

[16] 康丽莉,王守荣,顾俊强. 分布式水文模型 DHSVM 对兰江流域径流变化的模拟试验[J]. 热带气象学报,2008(2):176-182.

[17] 康丽莉,王守荣,顾俊强. 天山西部山区 VIC 模型的应用[J]. 南水北调与水利科技,2017,15(4):44-48.

[18] KIZZA M, GUERRERO J L, RODHE A, et al. Modelling catchment inflows into Lake Victoria: Regionalisation of the parameters of a conceptual water balance model[J]. Hydrology Research, 2013, 44(5): 789-808.

[19] BAKER T J, MILLER S N. Using the Soil and Water Assessment Tool (SWAT) to assess land use impact on water resources in an East African watershed[J]. Journal of Hydrology, 2013,486:100-111.

[20] 艾学山,冉本银. FS-DDDP 方法及其在水库群优化调度中的应用[J]. 水电自动化与大坝监测,2007(1):13-16.

[21] 杨娜,梅亚东,魏婧. 基于生态友好的梯级水库群长期优化调度:河流开发、保护与水资源可持续利用——第六届中国水论坛论文集[C]. 北京:中国水利水电出版社,2008:195-199.

[22] 张丽丽,殷峻暹,蒋云钟,等. 白洋淀湿地生态干旱预警研究:变化环境下的水资源响应与可持续利用——中国水利学会水资源专业委员会 2009 学术年会论文集[C]. 大连:大连理工大学出版社,2009:482-486.

[23] 陈进. 长江大型水库群联合调度问题探讨[J]. 长江科学院院报,2011,28(10):31-36.

[24] 黄草,王忠静,李书飞,等. 长江上游水库群多目标优化调度模型及应用研究Ⅰ:模型原理及求解[J]. 水利学报,2014,45(9):1009-1018.

[25] 刘德富,杨正健,纪道斌,等. 三峡水库支流水华机理及其调控技术研究进展[J]. 水利学报,2016,47(3):443-454.

[26] 方子云. 用科学发展观研究水库和水资源调度问题[J]. 水电站设计,2007(1):45-49.

[27] 黄艳.面向生态环境保护的三峡水库调度实践与展望[J].人民长江,2018,49(13):1-8.
[28] 李考真,任淑梅.地表水水质水量联合调度研究——以徒骇河聊城段为例[J].聊城师院学报(自然科学版),1999(2):74-78.
[29] 赵棣华,戚晨,庾维德,等.平面二维水流-水质有限体积法及黎曼近似解模型[J].水科学进展,2000(4):368-374.
[30] 金科,张晓燕,梁忠民,等.引江济太对太湖流域抗旱工作影响分析[J].中国防汛抗旱,2014,24(5):20-22.
[31] 董增川,卞戈亚,王船海,等.基于数值模拟的区域水量水质联合调度研究[J].水科学进展,2009,20(2):184-189.
[32] 林伟波,包中进.二维数学模型在防洪影响评价中的应用[J].中国农村水利水电,2009(12):59-63.
[33] 吴昊,周志华.引滦入津输水水质水量联合管理信息系统开发[J].人民黄河,2014,36(2):62-63+81.
[34] 刘玉年,施勇,程绪水,等.淮河中游水量水质联合调度模型研究[J].水科学进展,2009,20(2):177-183.
[35] CASTELLETTI A, RIGO D D, SONCINI-SESSA R, et al. On-line design of water reservoir policies based on inflow prediction[J]. Proceeding of 17th World Congress The International Federation of Automatic Control, 2008,17(1):14540-14545.